集人文社科之思 刊专业学术之声

集 刊 名：家政学研究
主　　编：河北师范大学家政学院　河北省家政学会

HOME ECONOMICS RESEARCH No.2

《家政学研究》编辑委员会

顾　问：戴建兵
主　任：李春晖
副主任：王德强　冯玉珠　王永颜

编　委：（以姓氏笔画为序）
于文华　王永颜　王德强　申国昌　冯玉珠
孙晓梅　李立国　李春晖　吴　莹　张承晋
张　霁　邵汉清　卓长立　赵志伟　耿永志
徐宏卓　储朝晖　熊筱燕　薛书敏

执行主编：王永颜
编　辑：王亚坤　王会然　王婧娴　陈伟娜　李敬儒　高艳红

第2辑

集刊序列号：PIJ-2022-471
中国集刊网：www.jikan.com.cn/ 家政学研究
集刊投约稿平台：www.iedol.cn

家政学研究

HOME ECONOMICS RESEARCH No.2

第2辑

河北师范大学家政学院　/ 主　编
河北省家政学会

社会科学文献出版社
SOCIAL SCIENCES ACADEMIC PRESS (CHINA)

家政学研究

（第 2 辑）
2023 年 12 月出版

·学术前沿·

养老服务向家庭延伸的基本逻辑、模式创新及政策支持
………………………………………… 耿永志　王晓波 / 1
老年人轻度认知障碍与认知储备的相关性研究
………………………………………… 王兰爽　刘文倩　李春晖 / 17

·人才培养·

家政服务从业人员职业素养结构维度与提升策略 ………… 闫文晟 / 35
河北省家政服务员专业化发展现状及其培训优化体系研究
………………………………………………………… 王德强 / 55
现代家政服务与管理专业开展劳动教育的思考 …………… 朱晓卓 / 70

·家政史研究·

《袁氏世范》中的"人性论"家政思想 ………………… 王婧娴 / 78
杨卫玉女子家事教育思想探析 ………………… 刘京京　张　帆 / 91
社会历史视角下家政学形成与发展的脉络 ………… 赵炳富 / 105
基于历史文化视角的家政思想发展探究 …………… 薛书敏 / 121

·国际视野·

英国托育服务体系研究：特征、挑战及启发 …… 梁悦元　何艺璇 / 136

·家政服务业·

产教融合背景下家政服务业规范化标准化影响因素研究
……………………………………………………… 徐桂心 / 150
家政服务业经营管理中的女性参与研究
——基于江苏省数据分析 ………… 张雨昕　李梦博　赵　媛 / 167

·家政教育·

影响台湾地区科技大学家政群学生就业力认知与就业意愿相关因素之研究 ……………………………………………………… 林儒君 / 181

·会议综述·

家政产业发展路径探析
——"2023年家政产业创新发展大会"会议综述
………………… 张先民　张　霁　周柏林　李书琪　王　颖 / 202
《家政学研究》集刊约稿函 ……………………………………… / 218

CONTENTS

Academic Introduction

Extending Elderly Care Service to Families: Basic Logic, Model Innovation and
　　Policy Support　　　　　　　　　　　　　　　GENG Yongzhi, WANG Xiaobo / 1
A Study on the Correlation between Mild Cognitive Impairment and Cognitive
　　Reserve in the Elderly　　WANG Lanshuang, LIU Wenqian, LI Chunhui / 17

TalentCultivation

Professional Attainment of Employees in Home Service Industry: Structural
　　Dimensions and Training Strategies　　　　　　　　　　　YAN Wensheng / 35
Specialized Development of Domestic Helpers in Hebei Province: Status Quo and
　　Training System　　　　　　　　　　　　　　　　　　　　WANG Deqiang / 55
Thought on Developing Labor Education in Modern Home Economics Service and
　　Management Programs　　　　　　　　　　　　　　　　　ZHU Xiaozhuo / 70

Studies on the History of Home Economics

Home Economics Thought on the "Theory of Human Nature" in Yuanshishifan
(Models for the World by Master Yuan)   WANG Jingxian / 78

On Yang Weiyu's Thought on Women Home Economics Education

LIU Jingjing, ZHANG Fan / 91

On the Formation and Development of Home Economics from the Perspective of
Social History   ZHAO Bingfu / 105

Research on the Development of Home Economics Thought from the Perspective of
History and Culture   XUE Shumin / 121

International Vision

British Childcare Service System: Characteristics, Challenges and References
for China   LIANG Yueyuan, HE Yixuan / 136

Home Services Industry

On Influencing Factors of Standardization of Home Service Industry Under the
Background of the Integration of Industry and Education   XU Guixin / 150

Women Participation in the Management of Home Service Industry Based on a
Data Analysis of Jiangsu Province

ZHANG Yuxin, LI Mengbo, ZHAO Yuan / 167

HomeEconomics Education

Factors Affecting the Employability Cognition and Employment Intention of Home
Economics Students in University of Technology in Taiwan Province

LIN Rujun / 181

Meeting Summary

On the Development Pathways of the Home Economics Industry: An Account of the "Home Economics Industry Innovation and Development Conference 2023"
　　ZHANG Xianmin, ZHANG Ji, ZHOU Bolin, LI Shuqi, WANG Ying / 202

Notice to Contributors / 218

• 学术前沿 •

养老服务向家庭延伸的基本逻辑、模式创新及政策支持

耿永志　王晓波

（河北师范大学法政与公共管理学院，河北 石家庄 050024）

摘　要： 引导养老服务资源向社区和家庭下沉，已经成为我国养老服务体系建设的重要内容和必然趋势。这种趋势契合了我国传统养老文化的价值取向，适应了我国老龄化特点及养老产业自身规律，养老服务向家庭的延伸可以充分发挥"居家"和"社区"的双重功效，为老年人提供更加优质的养老服务。建议进一步筑牢居家养老服务的基础地位，实现从集中到相对分散服务方式的转变，面向居家养老和社区服务进行平台搭建和流程再造，实现兼顾长期与短期盈利的经营模式创新。政府要尽快明确基本养老服务清单的内容，并尽快将其纳入我国基本公共服务的范围。尽快出台与养老服务有关的家庭支持政策，扎实推进社区和居家环境"适老化"改造工作，推进家庭、社区、机构之间的互联互通，建设更多老年友好型社区。

关键词： 居家养老；养老服务模式；家庭支持政策

作者简介： 耿永志，管理学博士，河北师范大学法政与公共管理学院教授，博士生导师，河北省养老服务工作专家库成员，主要研究方向为老年人福祉；王晓波（本文通讯作者），管理学博士，河北师范大学法政与公共管理学院讲师，硕士生导师，河北省养老服务工作专家库成员，主要研究方向为社会保障政策。

人口老龄化是大多数国家面临的普遍性问题，养老服务关乎国家发展，关乎百姓福祉。进入新时代，我国已经全面开启中国特色社会主义现代化建设新征程，在养老服务领域，我们正在着力构建"居家、社区、机构相协调，医养、康养相结合"的服务体系。可以说，养老服务向家庭延伸的趋势越来越明显，考察这种趋势背后所隐含的基本逻辑，可为未来养老模式的创新和政策制定提供重要依据。

一 研究背景和问题提出

在我国养老服务体系建设过程中，长期存在居家、社区、机构三者之间关系定位的讨论和相应政策调整的实践。

在社会养老服务体系的探索与试点阶段（1994~2005年），党和政府非常重视社区和居家养老问题。1994年12月，国家计委等10部门联合印发《中国老龄工作七年发展纲要（1994-2000年）》[1]，作为我国第一个全面规划老龄工作和老龄事业发展的重要文件，此文件明确提出要积极兴办各种养老机构和服务组织，尤其强调了社区在整个养老服务体系中的重要地位。2000年，《中共中央、国务院关于加强老龄工作的决定》[2]出台，首次提出"家庭养老与社会养老相结合"，构建"家庭为基础、社区为依托、社会为补充的养老机制"，随后，我国社区居家养老服务在各地先后取得重要进展。

在社会养老服务体系推广和定位阶段（2006~2010年），我国进一步明确"居家为基础、社区为依托、机构为补充"的建设目标，再次强调居家和社区养老的重要性。2006年2月，国务院办公厅转发全国老龄委等部门《关于加快发展养老服务业的意见》，进一步指出要逐步建立并完善"居家养老为基础、社区服务为依托、机构养老为补充的服务体系"。同年8月，国务院印发《中国老龄事业发展"十一五"规划》，指出要"加快建立以居家养老为基础、社区服务为依托、机构养老为补充的老年人社会福利服务体系"[3]。同年12月，国务院新闻办公室发布《中国老龄事业的发展》白皮书，再次明确"居家为基础、社区为依托、机构为补充"的养老服务体系建设目标。[4] 2008年国务院相关部委联合

---

[1] 杨翠迎：《社会保障学》，复旦大学出版社，2015。
[2] 《中共中央、国务院关于加强老龄工作的决定》，law.lawtime.cn/d446022451116.html。
[3] 《中国老龄事业发展"十一五"规划》，https://www.gov.cn/govweb/fwxx/wy/2006-09/28/content_401421.htm。
[4] 《中国老龄事业的发展》，https://www.gov.cn/govweb/jrzg/2006-12/12/content_467212.htm。

发布《关于全面推进居家养老服务工作的意见》，此文件对居家养老服务的内涵进行了明确界定，随后居家养老①服务在我国各地得到了较快发展。

进入社会养老服务体系发展与完善阶段（2011年至今），我国政府对居家、社区、机构三者之间养老服务功能的认识开始发生变化，对机构养老的功能定位进行调整，然而对居家和社区养老方面的功能定位一直未变。2011年，国务院办公厅印发《社会养老服务体系建设规划（2011—2015年）》②，该规划提出要进一步建设"以居家为基础、社区为依托、机构为支撑"的养老服务体系，在这个规划中机构养老的地位得到了重视。2013年9月，国务院发布《关于加快发展养老服务业的若干意见》指出，机构养老的地位进一步得到强化，其功能定位开始从"补充"上升到"支撑"地位。此时，国家对居家和社区养老功能的定位始终未发生变化，其基础性地位没有动摇。③

党的十八大以来，党中央高度重视老龄工作，精心谋划、统筹推进，我国老龄事业与产业得到协调发展，居家和社区在养老体系中的基础性地位进一步得到巩固。在这一时期，机构养老重新回到了补充位置。2015年，在《中共中央关于制定国民经济和社会发展第十三个五年规划的建议》中，对多层次养老服务体系进行了更为明确的表述。④ 中央对机构养老定位的回归和调整，适应了我国国情变化，符合居家养老的文化传统。机构养老发挥补充作用，主要针对高龄、失能、"三无"老年人，大部分老年人需要借助居家和社区形式养老。

进入新时代，我国养老服务政策有两个显著变化：一是在保留医养结合的前提下，丰富了养老服务体系建设的具体内容，增加"医养康养相结

---

① 居家养老是指政府和社会力量依托社区，为居家的老年人提供生活照料、家政服务、康复护理和精神慰藉等方面服务的一种服务形式。
② 《国务院办公厅关于印发社区服务体系建设规划（2011—2015年）的通知》，https://www.gov.cn/zwgk/2011-12/29/content_2032915.htm。
③ 《国务院办公厅关于印发社会养老服务体系建设规划（2011—2015）的通知》，http://www.gov.cn/zwgk/2011-12/27/content_2030503.htm。
④ 《中共中央关于制定国民经济和社会发展第十三个五年规划的建议》，https://www.gov.cn/xinwen/2015-11/03/content_5004093.htm。

合"的内容①；二是针对居家、社区、机构三者之间的关系，始终坚持居家和社区的基础地位，它们之间的协调性日益重要。2019年党的十九届四中全会通过《中共中央关于坚持和完善中国特色社会主义制度推进国家治理体系和治理能力现代化若干重大问题的决定》②，明确提出要"加快建设居家、社区、机构相协调，医养、康养相结合"的养老服务体系，首次将养老服务体系表述为"医养康养相结合"。2020年党的十九届五中全会通过《中共中央关于制定国民经济和社会发展第十四个五年规划和二〇三五年远景目标的建议》③，再次强调要"构建居家社区机构相协调、医养康养相结合的养老服务体系"。普惠型的养老服务覆盖面正在逐步扩大，家庭功能受到越来越多的重视。国家明确支持"社区养老服务机构建设""运营家庭养老床位"，逐步"将服务延伸到家庭"。2021年，在《中华人民共和国国民经济和社会发展第十四个五年规划和2035年远景目标纲要》中，仍然沿用了"医养康养相结合"的具体表述。④ 同年，中共中央、国务院出台了《关于加强新时代老龄工作的意见》，这成为我国强国建设新征程中指导具体老龄工作的指南。在上述意见中，再次强调了居家社区这种养老服务模式的创新问题，要求各地不断通过各种方式，进一步提高养老服务的综合能力。

由此可见，以居家为基础、社区为依托、机构为补充、医养康养相结合的养老服务体系建设已经成为我国未来养老领域的工作重点。这意味着，养老服务向家庭延伸将会受到越来越多的重视，家庭的意义和作用不言而喻。然而，新时代我国养老服务向家庭延伸的基本逻辑是什么？如何实现养老服务模式的创新发展？如何明确养老服务政策的支持重点？如何为老年人提供更为贴心、便利、优质的服务？这些内容是本文接下来所要

---

① 付晶、侯华：《加强社会养老服务体系建设的重大意义》，《中外企业家》2020年第10期。
② 《中共中央关于坚持和完善中国特色社会主义制度推进国家治理体系和治理能力现代化若干重大问题的决定》，https://www.gov.cn/zhengce/2019-11/05/content_5449023.htm。
③ 《关于印发"十四五"国家老龄事业发展和养老服务体系规划的通知》，https://www.gov.cn/zhengce/content/2022-02/21/content_5674844.htm。
④ 林宝：《康养结合：养老服务体系建设新阶段》，《华中科技大学学报》（社会科学版）2021年第5期。

讨论的重点（见图1）。

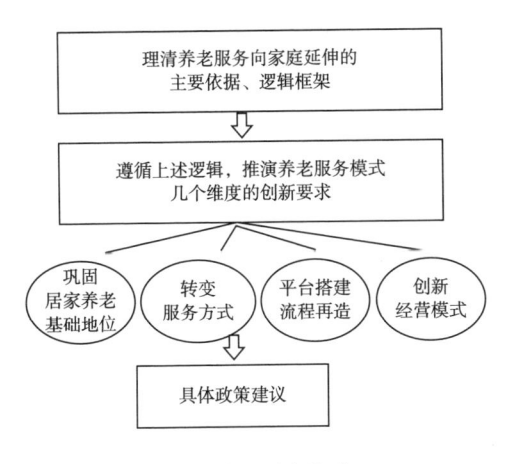

图1 本文分析框架

二 养老服务向家庭延伸的基本逻辑

未来，将会有更多老年人通过居家或社区形式获取相应的养老服务，服务资源将不断向社区和家庭下沉，这已经成为我国养老服务体系建设的重要内容和必然趋势。基于这些判断，我们需要进一步理清养老服务向家庭延伸的主要依据和逻辑框架，这对于进一步完善有关养老服务的政策具有重要意义。

（一）养老服务向家庭延伸的主要依据

1. 向家庭延伸契合了我国传统养老文化的价值取向

养老文化可以理解为家庭或者社会为老年人提供物质赡养、生活照料、精神慰藉等养老资源时，所形成的思想观念、社会伦理、价值取向和制度规范的总和。养老文化的形成与传承，关系到所有老年人的幸福，关系到社会的稳定与发展。中华民族一直具有重视家庭建设的优良传统，无论是居家的形式还是社区形式，家庭在其中都发挥着不可替代的作用。从某种意义上讲，居家养老是传统孝道文化的具体缩影，养老服务水平的提升离不开家庭的参与。

随着我国家庭规模的小型化，核心家庭所占比重持续上升，家庭养老功能不断弱化，借助市场手段通过居家或者社区的渠道获得社会化的养老服务，已经成为必然趋势。然而，老年人养老的文化根脉在家庭，精神寄托更多源于家人。从这个意义上讲，一个和谐温暖的大家庭，是老年人晚年幸福必不可少的内容。这也意味着，老年人不可能与原有家庭完全剥离，子女的陪伴至关重要。必须以民为本坚持居家养老的基础地位，充分发挥社区养老的依托作用，激发和释放传统养老文化的当代价值，使更多老年人度过幸福晚年。

2. 向家庭延伸适应了我国老龄化特点及养老产业自身规律

与其他国家相比，我国人口老龄化具有显著特点，主要表现在规模大、速度快、高龄化、"未富先老"、区域间不平衡等方面。这些特点决定着我国的养老服务供给不可能像西方发达国家那样采取集中的机构养老方式，而应当主要采取居家养老和社区养老的分散形式。在我国养老服务领域，一直存在"9073"格局的说法，即未来有90%左右的老年人会选择居家养老，7%左右会依托社区进行养老，只有3%选择入住机构养老，上述比例构成，相对来讲是与我国老龄化特点相适应的。我国机构养老在过去所走过的调整之路，在一定程度上也印证了选择居家和社区为主要养老形式的合理性。

一般来讲，与其他产业不同，养老服务业具有投资周期较长、盈利水平低等特点。这意味着，传统养老机构的盈利模式在我国很难实现长足发展①，很难适应"居家为基础"和"社区为依托"的分散服务方式。从根本上讲，我国养老服务业的发展必须找准并遵循自身发展规律，实事求是、因地制宜，不断促进养老服务资源向社区下沉、向家庭聚集，为老年人提供更加贴心细致、优质的养老服务，构建具有中国特色的养

---

① 在我国，条件不错的公办养老机构一床难求，排队需要几年的时间。而条件较好的民办养老机构，环境不错，也不用排队，但收费标准每个月1万~2万元，远远超过普通家庭的经济承受能力。

老服务体系。

3. 向家庭延伸可充分发挥居家和社区的双重功效

居家养老的基础地位是由我国国情决定的，它不同于传统的封闭性的家庭养老，它是面向社会、市场化的养老方式。我国养老服务问题的解决必须在坚守居家基础地位的同时，充分发挥社区养老的依托作用。家庭与社区之间的功能是互补关系，而非替代关系。① 一方面，社区是老年人获取养老服务的重要平台和渠道，离开社区这个平台，居家养老将成为"孤岛"，养老服务的内容和效果将无法得到保障。另一方面，家庭是老年人的大本营，是养老服务消费的重要场所，失去家庭这个场域，养老服务供给将会无效。

从某种意义上讲，养老服务不断向家庭延伸，可以充分激发居家和社区的各自功效。一方面，养老服务向家庭延伸，会充分释放居家的养老功能，使家庭资源得到充分利用。另一方面，在街道层面建设综合养老服务中心、在社区层面建立服务站，面向老年人提供养老基本公共服务，社区这个中介平台是无法逾越的，必须充分发挥社区的桥梁依托作用，构建面向家庭服务的前沿阵地。

4. 向家庭延伸可为老年人提供更为贴心、精准的优质服务

养老服务的更大市场在家庭，养老服务具有特殊性，它更多属于专业性、安全化的服务。引导养老服务向家庭延伸，可以最大程度挖掘潜在需求，满足特殊需求，为老年人提供更多更为贴心的精准化服务。

与传统机构养老不同，居家养老更多强调对已有家居环境的充分利用与改造，强调为老年人提供个性化服务。只有向家庭延伸，才能深入了解老年人的具体需求，推动服务内容和形式实现创新，为老年人创造更为安心、舒适、熟悉的环境，提升他们幸福感。

---

① 李雪：《向家庭延伸的养老服务才是蓝海——重庆市民政局养老服务处处长杨胜普谈社区居家养老服务》，《中国民政》2022年第3期。

（二）养老服务向家庭延伸的逻辑框架（见图2）

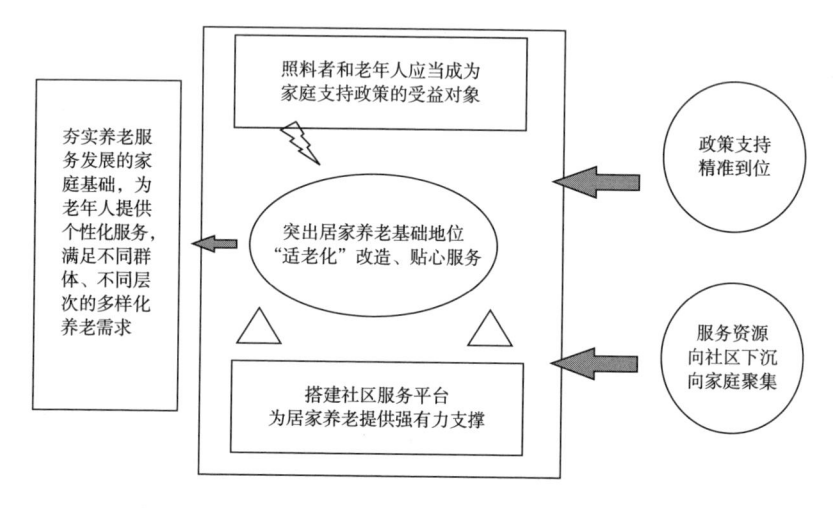

图 2　养老服务向家庭延伸的基本逻辑

首先，需要明确政策支持方向，突出居家养老的基础地位，引导养老服务向家庭延伸，在重视供给方支持政策的同时，突出对需求方的支持力度。其次，搭建社区服务平台，引导服务资源要素向社区下沉、向家庭聚集。再次，围绕老年人需求，明确家居环境"适老化"改造的重点，畅通资源向服务转化的渠道。最后，密切联系居家养老的实际情况，为老年人提供更多优质服务，重点围绕日常照料、健康保健、照护关怀等提供套餐式、个性化优质服务。

三　养老服务向家庭延伸的模式转变

在明确"居家为基础、社区为依托、机构为补充"的养老服务体系后，需要进一步引导养老服务延伸到家庭，不断推动服务资源下沉，在此过程中实现服务模式的创新与发展。

（一）夯实居家养老在整个服务体系中的基础地位

虽然居家养老的基础地位已经明确，但相应政策支持措施并没有进一步跟进。这主要表现在：国家出台的与老年人相关的政策更多把部门和养老机构作为扶持的对象，很少把家庭列为支持对象，对养老服务的补贴仅限于养老服务机构，针对家庭的居家养老支持政策远远不够，缺乏针对居家养老"需求侧"的补贴。习惯于对特殊老年人进行支持，缺乏围绕一般老年人出台的普惠性政策。即便是少数针对特殊老年群体的支持政策，其受益对象也主要是老年人本身，很少考虑对家庭照料者的支持。[①] 多数地方没有出台针对居家养老的老年人及其家庭成员的补贴方案，政策支持基本上处于空白状态。

如何夯实居家养老的基础地位？这需要国家在顶层政策设计方面给予明确，各地应当出台针对居家养老的补贴方案，不仅针对养老服务供给方进行补贴，更应重视对需求方的补贴。唯有如此，才能巩固居家养老的基础地位，推动建成新时代的养老服务体系。

巩固居家养老的基础地位，并不是孤立进行的，需要结合社区养老服务平台建设、机构服务"进区入户"等具体举措，系统推进工作，不断使我国的养老服务业焕发蓬勃的生机。

（二）实现从集中到相对分散服务方式的转变

在我国养老服务业发展的初期，曾经将机构养老确定为主要发展方向，这是受西方模式影响，很难适应我国老龄化发展趋势及具体国情。坚持居家养老的基础地位，引导养老资源向家庭周边聚集，实现养老服务方式由集中转向相对分散，这是未来我国养老服务发展的基本方向。

在养老市场发展的起步阶段，经营者的前期投入可能很大，但养老服务的需求订单可能有限，这就使得集约化的机构服务在转向分散并逐步向家庭延伸的时候，往往会面临需求少、成本高、老年人支付意愿和能力有

---

① 鲍迎然：《居家社区养老服务中的家庭责任》，《前沿》2023年第1期。

限等经营困境。因此，寻找机构和老年人都能接受的平衡点，相对来讲是比较困难的。随着社会接受程度的提高、居家养老服务市场的完善，上述问题会迎刃而解。政府必须进一步加大政策支持力度，使经营者顺利渡过难关，尽快实现集中服务方式向相对分散服务方式的转变。

由集中服务方式转向相对分散服务方式，并不意味着所有项目都要采取分散方式，有些服务内容还是可以采取相对集中的方式，比如老年食堂、定期体检等项目，采取相对集中的方式更为合适。各地可根据老年人的数量、结构、需求等具体状况选择合适的服务方式。

（三）面向居家养老和社区服务的平台搭建和流程再造

养老服务向家庭延伸，这并不仅仅是服务场所、服务方式变化的问题，同时也是一个服务流程再造的问题。在过去机构养老模式下，基本上是"先吸引老年人入住、然后再提供服务"的经营思路，更多注重养老床位配备、服务场所安全、服务项目优化等工作，而面向居家和社区的养老服务模式，需要根据需求提供个性化服务，吸引有需求、有意愿的老年人购买消费。在新的服务模式下，对需求信息的搜集与分析、服务平台的搭建、服务流程的再造与优化等相对来讲更为重要。

通过引导人、财、物、技术等服务资源向家庭聚集，构建社区居家养老服务平台，优化服务流程，为老年人提供更为贴心、满意的服务。在这个过程中，服务平台搭建和流程再造至关重要，平台连接社区、家庭和个人，沟通供给与需求，它们是连接养老服务供需双方的纽带和桥梁，决定向老年人提供养老服务的深度、细度、温度和效果。

在推进平台搭建和流程再造的过程中，尤其要重视数据管理工作，建立全国或区域性的养老服务大数据库。进一步重视数据挖掘和相应的数据分析，平台搭建工作要与当前所推动的智慧社区建设工作相结合，不断提高我国居家养老和社区养老的技术含量和智慧化水平。

在推进平台搭建和流程再造的过程中，需要重视部门协作及社区治理水平提升问题。推进养老服务向家庭延伸是一个系统工作，它涉及民政、工信、街道、社区等多个部门，需要明确牵头部门，理顺工作机制，相关部门配合、上下联动，才能收到好的效果。

（四）兼顾长期与短期盈利的经营模式创新

一般来说，养老服务业的投资回收期较长，短期收益远远低于长期收益。在短期内，往往会出现较低的收益甚至亏损的情况，使得经营者陷入经营困境，甚至退出养老服务市场。这就意味着，在养老服务向家庭延伸的过程中，除了依靠政府设立的专项补助或者补贴资金之外，更需要实现经营模式的创新，依靠制度设计优势创造利润。另外，需要不断融通资金渠道，盘活个人养老金、企业（职业）年金，依靠资本运营变革，实现长期可持续盈利。

从根本上讲，面向居家和社区的养老服务供给转型，必须建立在更为精准的需求定位和市场细分基础之上，依靠精准服务获得长期盈利，依靠延伸服务、增值服务、个性化服务获得消费市场和老年群体的信任。

总体来看，基于庞大老年人口数量和市场服务需求的判断，我国养老服务业发展将会长期向好。然而，在养老服务向家庭延伸的大背景下，已有经营模式必须变革，必须贴近老年人的实际需求和消费能力，做好长期盈利发展规划，从需求入手对经营模式、服务方式、服务内容、供给渠道等进行彻底改造与优化，全面打造面向家庭和社区的新型现代养老服务经营模式。

四 政策建议

总体来看，要进一步强调和巩固居家养老的基础地位，围绕现代养老服务的具体要求，对已有服务模式进行全面改革与重塑。

（一）尽快明确基本养老服务清单，将其纳入基本公共服务范畴

近年来，随着我国社会生活中婚姻观念、家庭结构的快速变化，少子化、无子化现象愈发严重，这已经成为一个明显的社会趋势。家庭和人口结构的变化将会衍生一系列社会问题，最主要的就是老年照护等棘手问

题。此类问题不能一味地由家庭或个人承担，应当由政府统筹安排，尽快把老年照护等服务内容纳入基本公共服务范畴，由政府统筹解决。

政府在重视供给侧改革的同时，要加大对需求侧的补贴力度。具体来看，民政部门需要不断夯实面向家庭的政策支持体系，进一步明确我国基本养老服务清单的具体内容，在条件成熟时将其纳入基本公共服务的范畴。各级政府部门必须认识到家庭政策的重要性和不可替代性，要充分利用家庭优势，将支持促进家庭的养老功能作为重要政策目标，不断强化居家和社区养老过程中家庭所承担的责任及所发挥的功能，进一步明确家庭成员所承担的养老责任，对家庭养老功能的发挥给予有效支持，使养老政策红利在供需两侧均衡发力，有效促进我国养老服务业的高质量发展。

（二）重视并出台与养老服务有关的家庭支持政策

长期以来，我国养老服务业的政策扶持重点一直放在供给方面，各地民政部门主要针对养老机构等出台相关政策，而针对老年人个体的扶持政策主要面向特困群体，覆盖面极小，尤其缺乏针对家庭的养老支持政策，这就使得我国养老服务业的支持政策出现"跛脚"，很难实现长足发展。比如，在支持养老机构派出专业机构人员将服务延伸至老年人家中，实现"养老服务外卖"方面，还存在政策空白。

政策制定者必须充分认识家庭支持政策的重要性。从根本上讲，家庭支持政策属于需求侧的政策，家庭支持政策是整个社会政策和福利体制的重要组成部分，它已经开始由补充性政策逐渐发展为基础性政策，家庭视角的经济社会政策在整个公共政策体系中的地位越来越重要。[1] 从某种意义上讲，如果抛开家庭去讨论老年照护等养老问题，这样的政策在我国基本上是行不通的，至少这是一种短视的或者不完整的政策。

有关养老服务向家庭延伸的支持政策，需要建立在以家庭为单元的数据调查和资金测算基础之上，这在我国目前基层政策实践中存在较大难

---

[1] 黄石松、孙书彦、伍小兰：《整体构建"一老一小"家庭支持政策体系》，《前线》2022年第3期。

度。以家庭为单元的数据获取存在障碍，这恰恰是我国社会民生政策长期以来忽视家庭的结果，当然也有来自数据调查操作方面的具体阻力。只有找准以家庭为单元的政策支持定位，养老服务向家庭延伸才能得到保证。

养老服务向家庭延伸的支持政策，需要与其他社会政策目标有机衔接，使包括养老服务在内的服务内容逐步覆盖家庭全生命周期并达到普遍覆盖，同时还应注重政策目标的多维性和多重目标功效。

当前一个值得重视的现实情况是，我国家庭支持政策是分散的、碎片化的。随着家庭政策重要性的日益凸显，对碎片化的政策进行整合显得十分必要。对家庭相关政策的整合，往往会倒逼"国家—家庭"关系调整，以适应居家养老发展的需求。通过相关政策合理引导现代家庭承担应有责任，为市场化养老服务进入家庭提供规范，使居家养老服务市场焕发蓬勃生机。

一言概之，围绕"居家为基础、社区为依托、机构为补充"的养老服务体系建设，我们需要构建包含中华优秀文化基因在内的中国特色家庭支持政策体系，为我国新时代养老服务体系建设注入新活力。

（三）扎实推进社区和居家环境"适老化"改造工作

家家有老人，人人都会老，"适老化"改造涉及千家万户。"适老化"改造对于满足老年人居家生活需要，营造安全、舒适的居家环境具有重要意义。根据国家统计局的数据，截至2022年底，我国60岁（含）以上老年人已超过2.8亿。将来如果九成以上老年人选择居家养老，实施居家环境"适老化"改造的任务十分艰巨。积极推进社区和居家环境"适老化"改造，打造老年宜居的环境，已经成为新时代我国加强老龄工作、构建老年友好型社会的重要任务。

当前，我国"适老化"改造工作需要解决好以下重点问题：第一，聚焦体系建设，协同联动。由民政部门牵头成立专门的工作小组，将"适老化"改造列入社区居家养老服务体系重要内容，明确各部门分工，加大统筹协调力度。第二，聚焦产业发展，不断培育壮大市场，提高"适老化"改造的标准化程度。第三，聚焦改造需求，分类施策，使更多老年人及其家庭从中受益,从服务对象来看,要从过去针对少数特困群体的"兜底"保障迈向"普惠"保障。第四,聚焦标准建设,提高改造质量。针对"一户一案"个性化改造的实际需求,研究出台改造工作标准,完善规范验收工作,为"适老化"改造产品和服务提供质量保障。第五,聚焦养老服务,"软硬"兼顾。在过去注重硬件环境改造的基础上,"适老化"改造需要更加重视服务问题,考虑具体养老服务的深度嵌入问题,尤其要注重医养结合的问题①,推动家庭、社区、医疗机构相衔接。第六,聚焦数字赋能,推进养老服务的现代化。要不断提高养老服务的数字化水平,推动互联网、养老服务之间的深度融合,将"人工智能""大数据分析"引入具体工作,为老年人居家养老创造更加良好的条件。

也就是说,"适老化"改造需要紧盯老年人的需求,聚焦老年人日常生活中的"痛点"问题,通过对老年人年家庭和所在社区进行"适老化"改造,不断增强老年人生活的幸福感、获得感、安全感。

(四)推进家庭、社区、机构之间互联互通,创建更多老年友好型社区

大力推进数据信息共享、服务平台建设等工作,构建家庭、社区、机构之间的互联互通机制。一方面,通过上述渠道,为家庭成员关心和照料老年人提供必要支持,确保老年人能够获得及时的帮助,不断提高家庭成员照顾老年人的能力,促进老年人在社区内"就地养老"②。另一方面,不断畅通家庭、社区和机构之间的互动渠道,使养老服务资源"动起来",使资源和服务随着老年人走,支持老年人融入家庭和社区,在家庭、社区和机构之间形成相互可接续的联动模式。

国内一些地方的先进做法还是值得借鉴的。比如,上海静安等地"五床联动"的做法,这种做法通过建立绿色转介机制,推动构建家庭养老床位、养老机构床位等"五床"之间的联动机制,真正打通家庭、社区与机

---

① 孙金诚:《"小改造"托起"大幸福"——全国政协"加快社会适老化改造"双周协商座谈会综述》,《人民政协报》2023年7月8日,第1版。
② 黄石松、孙书彦、郭燕:《我国"一老一小"家庭支持政策的路径优化》,《新疆师范大学学报》(哲学社会科学版)2022年第3期。

构之间的通道，形成老年人有序分级诊疗、康复和养老的医养康护闭环，补齐机构养老和家庭养老的医疗服务短板，在一定程度上减轻家属的照料压力。

推进老年友好型社区建设，不断完善社区养老服务功能，织密社区养老服务网，为养老服务向家庭延伸提供重要支撑。积极探索物业和养老相融合的服务模式，发挥物业公司就近服务、贴近居民、响应快速等优势，从餐饮到就医，从出行到陪护，从护理到保健，不断推进为老服务、养老服务向家庭延伸，让更多老年人留在家中，能够乐享晚年生活。充分发挥街道（社区）照料中心、养老服务站的平台作用，进一步延伸家政服务，为社区老年人提供更加精准、优质、便利的专业化服务。提升养老服务质量，尤其是提高养老服务的便捷性和可及性，不断增强老年人"幸福养老"的底色。

（编辑：王亚坤）

Extending Elderly Care Service to Families: Basic Logic, Model Innovation and Policy Support

GENG Yongzhi, WANG Xiaobo

(School of Law and Public Administration, Hebei Normal University, Shijiazhuang, Hebei 050024)

Abstract: In the elderly care system in China, it has become an important content and an inevitable trend to pilot elderly care service resources to communities and families. This trend is consistent with the value of the Chinese traditional culture, and in line with the characteristics of an aging society and the law of elderly care industry. The extension of the old-age service to families gives full play to the dual functions of both families and communities to provide more considerate and targeted quality services for the elderly. It is suggested to further consolidate the position of home-based care as the foundation of the elderly care system, realize the transformation from centralized to relatively decentralized service mode, build a platform and re-engineer the process for home-based elderly care and community services, and innovate the business model to achieve a balance between the long-and short-term profits. The government should make clear the list of basic old-age services as soon as possible and bring it into the category of basic public services, introduce family support policies related to old-age care services, promote the "aging-friendly" transformation of communities and home environments, promote the interconnection between families, communities and institutions, and build more elderly-friendly communities.

Key words: Home-based Care for the Aged; Service Model for the Aged; Family Support Policy

老年人轻度认知障碍与认知储备的相关性研究[*]

王兰爽　刘文倩　李春晖

(河北师范大学教育学院，河北石家庄，050024；
河北师范大学家政学院，河北石家庄，050024)

摘　要：本文对老年人轻度认知障碍状况进行研究，初步筛查轻度认知障碍（Mind Cognitive Impairment，MCI）患者，并探讨老年人的认知储备与认知功能水平之间的关系。使用蒙特利尔认知评估（Montreal Cognitive Assessment，MoCA）、日常生活功能量表（Activity of Daily Living Scale，ADL）、认知储备指数（Cognitive Rserve Index Questionnaire，CRIq），收集221位老年人的评估数据及人口学变量。研究发现，总体样本中认知储备分数与MoCA总分呈现显著正相关。在回归分析中，在仅纳入认知储备变量时，认知储备正向预测认知功能在控制了其他年龄、性别、受教育年限等因素的影响后，认知储备仍能够有效正向预测认知功能的水平。本文研究得出认知正常组的认知储备总分显著高于MCI组，在总体样本和分组的相关性分析中，认知储备总分与MoCA分数均呈显著正相关，且较高的认知储备能够正向预测认知功能的结论。

关键词：认知储备；轻度认知障碍；认知功能；老年人

作者简介：王兰爽，河北师范大学教育学院心理系副教授，硕士生导师，主要研究方向为老年认知与心理；刘文倩：河北师范大学教育学院硕士研究生，主要研究方向为应用心理学；李春晖，河北师范大学家政学院院长，主要研究方向为家政学。

---

[*] 本文系河北师范大学人文社科基金（S20Y001）、河北省教育厅人文重点项目（SD2022039）、河北师范大学科技类基金（L2021Z06）的成果。

一 引言

根据第七次全国人口普查数据，我国 60 岁及以上人口为 26402 万人，占总人口的 18.70%；其中，65 岁及以上人口为 19064 万人，占总人口的 13.50%。与 2010 年相比上升 5.44 个百分点。[①] 随着人口老龄化进程不断加快，老年群体的健康问题越来越受到社会各方的关注，其中最典型的就是以阿尔茨海默病（Alzheimer disease，AD）为主的痴呆症状成为老年人中最常见的神经退行性疾病，老龄化的加剧可能会使全球的痴呆症患病率每 20 年翻一番，预计从 2015 年的 4680 万人增加到 2050 年的 1.315 亿人，其中大部分增长可能出现在低收入和中等收入国家。[②] 然而国内外均缺乏针对此类疾病的特效药物和治疗方法，无法有效逆转轻度认知障碍（Mind Cognitive Impairment，MCI）的疾病进程。若在早期未及时治疗和干预，患者认知功能可能会逐渐恶化，不仅会严重影响老年人的身心健康，而且会给患者本身、家庭和社会带来巨大的经济和精神压力。因此越来越多的研究将重点放在非药物疗法，制定有效的非药物干预计划来延缓 MCI 患者认知功能的下降。轻度认知障碍被视为痴呆的临床前期，是介于正常认知衰老和痴呆之间的中间状态。[③] MCI 除了与年龄的正常变化相关外，还存在主观认知下降和客观记忆损伤等主诉，而日常活动不受影响。[④] 一项对 13 项临床研究的元分析结果显示，从轻度认知障碍到痴呆症的年转换率为 9.6%，在自然观察期内的临床环境下转换率为 39.2%，在社区环境中有

[①] 宁吉喆：《第七次全国人口普查主要数据情况》，《中国统计》2021 年第 5 期。

[②] 宋姣、吴艳、彭涛、董碧蓉、李颖：《轻度认知障碍非药物干预治疗研究进展》，《华西医学》2023 年第 3 期。

[③] S. Gauthier, B. Reisberg, M. Zaudig, et al, Mild Cognitive Impairment. *Lancet*, 2006, 367 (9518): 1262-1270.

[④] R. C. Petersen, Mild Cognitive Impairment: Clinical Characterization and Outcome. *Arch Neurol*, 1999, 56 (3): 303–308.

21.9%的转化率，总转换率超过50%。① MCI的诊断最早是在1999年由Petersen标准确定的。② 在国内关于MCI和AD的研究中，贾龙飞等人在2020年《柳叶刀公共卫生》上发表了关于全中国范围内的痴呆症和轻度认知障碍调查，从2015年到2018年对来自全国96个研究点（48个城市和48个农村）的共46011人进行了评估，结果表明全部参与者中有7125人（15.5%）被诊断为轻度认知障碍，即中国范围内MCI的总患病率估计为15.5%（95%置信区间15.2~15.9），且患病率随年龄增长而上升，60~69岁人群平均为11.9%，70~79岁人群平均为19.3%，80~89岁人群平均为24.4%，90岁及以上人群平均为33.1%。③

轻度认知障碍人群的主要特点是记忆力或其他认知功能的受损程度和下降速度显著高于正常衰老的速度，未达到痴呆症的诊断标准，也不影响患者的普遍日常生活能力，但在老年群体中的存在十分普遍。根据受损的认知区不同，MCI可分为两类亚型：一类是遗忘型MCI，指患者出现记忆力损害的状况；另一类是非遗忘型MCI，指患者没有记忆力损害。遗忘型MCI/非遗忘型MCI分型确定之后，还需进一步评估患者是否有其他认知区损害，如语言、注意力、执行功能或视觉空间技能，若不涉及其他区域，则分类为单域MCI；若合并其他领域受损，则分类为多域MCI。④ 大量的国内外研究发现，MCI转化率较大，并具有双向转换性，既可发展为老年痴呆症，也可转归为认知正常。⑤ MCI作为国际公认的预防痴呆症的最佳时期，在该阶段及时筛查并干预是预防老年性痴呆的重要举

---

① A. J. Mitchell, Shiri-Feshki M., Rate of Progression of Mild Cognitive Impairment to Dementia-meta-analysis of 41 Robust Inception Cohort Studies. *Acta Psychiatrica Scandinavica*, 2010, 119（4）：252-265.

② R. C. Petersen, G. E. Smith, S. C. Waring, et al., Mild Cognitive Impairment: Clinical Characterization and Outcome. *Arch Neurol*, 1999, 56（3）：303-308.

③ L. Jia, Y. Du, L. Chu, et al., Prevalence, Risk Factors, and Management of Dementia and Mild Cognitive Impairment in Adults Aged 60 Years or Older in China: a Cross-sectional Study. *The Lancet Public Health*, 2020, 5（12）：e661-e671.

④ 宋姣、吴艳、彭涛、董碧蓉、李颖：《轻度认知障碍非药物干预治疗研究进展》，《华西医学》2023年第3期。

⑤ 王韵娴、林榕、李红：《轻度认知功能障碍患者自我管理研究进展》，《军事护理》2023年第1期。

措。MCI的初步筛查阶段最初应在社区或基层保健中心进行，并在患者转诊后在专门的神经内科、记忆门诊或老年学科室进行进一步筛选和后续调查。[1]一般来说，最初的筛查测验应具有高度敏感性，以识别最多数量的疑似阳性患者，而随后的确认测验阶段应具有高特异性，以最大限度地排除假阳性。对于初步筛查，建议使用敏感性较高的评估工具，以增强初步筛查的能力。

关于认知储备在人类衰老和阿尔茨海默病中的研究源自流行病学和影像医学的重复测查结果，研究者认为大脑病理或大脑损伤的程度与该损伤的临床表现之间似乎没有直接关系。Stern在2002年对认知储备（Cognitive Reserve，CR）进行了澄清和定义，即通过不同的大脑网络来优化或最大化认知表现的能力。[2]这是一种应对脑损伤的潜在机制，属于主动补偿机制，采用不易受干扰的大脑网络或认知范式，使得个体在病理损伤影响了大脑网络的基础功能时，可以灵活地调动更广泛的补偿网络去应对挑战性任务[3]，这种能力用于抵抗大脑网络功能的损伤并试图积极地应对认知功能水平的变换。在大脑结构容量（尺寸或神经元数量）水平相同的两个个体中，不同个体的大脑储备能力都是不同的。CR水平高的个体比CR水平低的个体能耐受更多的大脑损伤，以此维持更好的认知功能。认知储备理论表明CR通过以下两种途径对抗脑损伤：①预先存在的认知过程，即不易受脑损伤影响的脑工作路线或认知运行模式，这些功能在大脑受损时仍可正常发挥作用；②补偿过程，即基于个体先天脑力和生活经历形成的大脑工作网络或认知处理模式，这些脑工作网络或认知处理模式是大脑健康时不会使用的部分，因此在大脑受损后，该部分则着重被用于补偿大脑损伤导致的功能障碍。[4]

综上所述，认知储备与认知功能密切相关，并且较高的认知储备水平

---

[1] 艾亚婷、胡慧：《社区老年人认知障碍筛查推荐建议》，《中国全科医学》2020年第27期。

[2] Y. Stern, What is Cognitive Reserve? Theory and Research Application of the Reserve Concept. *Journal of the International Neuropsychological Society Jins*, 2002, 8 (3): 448.

[3] Y. Stern, N. Scarmeas, & C. Habeck, Imaging Cgnitive Reserve. *International Journal of Psychology*, 2004, 39 (1): 18 – 26.

[4] 陈宣吉：《中国老年人认知储备与认知功能下降轨迹关系研究》，硕士学位论文，重庆医科大学，2022年。

可能是认知功能的保护性因素，在认知障碍的早期防治中具有重要意义。本研究拟在社区对老年人的轻度认知障碍状况进行调查，初步筛查轻度认知障碍患者，并探讨老年人的认知储备水平与认知功能水平之间的关系，为后续研究提供科学依据。

二 研究方法

（一）被试

采用招募的方式在社区和养老院选取年龄60岁及以上的老年人作为被试。2021年6~9月，由研究者进行一对一的人口学资料采集和量表评估。美国精神病协会（American Psychiatric Association，APA）在2013年发布的《精神障碍诊断与统计手册（第五版）》（DSM-5）包含了一个名为神经认知障碍的类别，采用其诊断标准，包括：①由患者自身或知情者主诉，或经相关临床医生诊断的认知领域的损害；②与此前相比，存在一个及以上认知领域的障碍（注意力、执行功能、学习和记忆、语言、知觉运动能力和社交认知）；③日常生活能力仍保留，不受显著影响；④未达到痴呆的诊断标准。[1]

纳入标准：①被试年龄60岁及以上；②意识清晰，语言表达正常；③知情同意后自愿参加此次研究。

排除标准：①患有严重躯体症状，包括耳聋、失明等不能参加认知筛查者；②患有精神类疾病或者其他导致意识不清、表达不详者；③明确被诊断为痴呆症患者。

（二）工具

1. 蒙特利尔认知评估（Montreal cognitive assessment，MoCA）

蒙特利尔认知评估由加拿大Nasreddine等人根据临床经验并参考简明精神状态检查（MMSE）的认知项目和评分而制定，评定的认知领域包括

---

[1] American Psychiatric Association DSM-Task Force Arlington VA US. Diagnostic and Statistical Manual of Mental Disorders：DSM-5™ (5th ed.). *Codas*, 2013, 25 (2): 191.

注意与集中、执行功能、记忆、语言、视空间能力、抽象思维以及计算和定向力等，量表共14项内容，每项回答正确者得1分，回答错误或答不知道者得0分。量表总分为30分，得分≥26分者为认知正常，若受教育年限≤12年，标准总分+1，则分界值为25分。测试时间约为15分钟。①

2. 日常生活功能量表（Advance Decline Line，ADL）

日常生活功能量表由躯体生活自理量表和工具性日常生活量表两部分组成，共14个项目，计分标准为自己可以计1分，有些困难计2分，需要帮助计3分，根本没法做计4分，总得分最低为14分，最高为56分，正常参考值≤16分（排除得分超过16分的被试），日常生活功能量表用于评定日常生活能力，排除生活不能自理的患者。

3. 认知储备问卷

认知储备指数（Cognitive Reserve Index，CRI）由 Nucci and Mapelli 于2012年提出，是一种半结构化的工具，包括人口学统计数据和20个项目，主体分为教育、职业和认知休闲活动3个部分，每个部分产生1个子分数。教育部分的分数为个体的具体受教育年限，其中包括参加过的连续培训课程（至少6个月）；职业部分要统计个体在生命历程中每种职业从业年数，这部分的原始分数为工作年限乘以工作复杂程度；认知休闲部分，统计个体在闲暇时间（工作或学习时间之外）进行的具有认知参与的活动，此部分的原始分数需要计算所有活动中频次为经常/总是的活动累计年数，其中与孩子数量相关和来往频率的分数也包括在内。最后，CRI（CRI总分）是3个分量表的平均值，需要对原始数据再次标准化并进一步转换为 M = 100 和 SD = 15 的标准分数。CRI 越高，估计的 CR 越高。CRI 可分为5个有序级别：低（小于等于70）、中-低（71~84）、中（85~114）、中-高（115~130）和高（131及以上）②。

---

① Z. S. Nasreddine, N. A. Phillips, V Bédirian, et al., The Montreal Cognitive Assessment, MoCA: A Brief Screening Tool For Mild Cognitive Impairment. Journal of the American Geriatrics Society, 2005, 53 (4): 695-699.

② M. Nucci, D. Mapelli, S. Mondini Cognitive Reserve Index questionnaire (CRIq): a new instrument for measuring cognitive reserve. Aging Clinical & Experimental Research, 2012, 24 (3): 218-226.

（三）研究程序

在某市养老院及社区范围内对老年人进行调查，与相关负责人联系后，先后在1家养老院和4个社区范围内进行研究工作，研究团队由经过专业培训的研究生担任，对老年人进行一对一的访问及量表评估，采用面对面的问答形式，防止由于被试无法理解问卷条目或阅读障碍等问题影响问卷质量，保证相对客观地采集人口学基本资料，对被试进行认知功能及认知储备方面的评估。

在评估过程中，首先征得被试的知情同意，获得本人的基本资料，进行MoCA的评估，之后进行认知储备问卷的填写工作。在评估过程中如有问题及时询问核实，确保研究工作的合理准确。

（四）统计处理

采用SPSS22.0软件进行数据的处理及分析，进行描述性统计、单因素方差分析、Pearson相关分析及多因素Logistic回归分析等。

三 结果

（一）基本资料

本次筛查共发放问卷300份，回收有效问卷284份，回收率为94.67%。将收集的资料进行初步筛选及分析，首先排除ADL得分高于16分的被试，日常生活不能自理且被纳入研究的被试GDS-15得分需在6分之下，具有抑郁情绪的被试不能作为本研究的研究对象，以免造成交叉影响。最终，正式被纳入研究分析的样本量为221人。被试基本情况如下：男性79人（35.75%），女性142人（64.25%）。年龄区间为60~69岁的111人（50.23%），年龄区间为70~79岁的77人（34.84%），年龄80岁及以上的33人（14.93%）。婚姻状况：已婚183人（82.81%），离婚或丧偶38人（17.20%）。文化程度：文盲及小学文化水平59人（26.70%），初中文化水平133人（60.18%），高中及以上文化水平29人（13.12%）。根据MoCA得分的划分标准，在正式被纳入研究的221人中，75人为认知正常，146人为MCI。

对两组被试的人口学变量进行比较，与认知正常组相比，MCI组被试的年龄较高（$P<0.05$）、受教育水平较低（$P<0.05$）。但两组被试在性别、婚姻状况等因素上无统计学差异（$P>0.05$），详见表1。

表1 两组的基本资料

变量		认知正常 （n=75）	MCI （n=146）	χ^2	P值
性别	男	25	54	0.288	0.592
	女	50	92		
年龄分组	60~69岁	51	60	19.567	$P<0.001$
	70~79岁	22	55		
	80岁及以上	2	31		
文化程度	文盲或小学	9	50	19.697	$P<0.001$
	初中	48	85		
	高中及以上	18	11		
婚姻状况	已婚	65	118	1.189	0.276
	离婚或丧偶	10	28		

（二）认知储备分数的标准化

本文采用的认知储备问卷分数需要进一步计算，问卷中三个部分的原始分数都是与年龄相关的活动进行的累计年数统计，为了排除这种"年龄效应"，使所有参与者都能够与相应的年龄阶层进行客观系统比较，需要对问卷原始分数进行多次标准化转置。首先，将原始分数进行标准化得到标准Z分数；其次，将分数转化为$M=100$和$SD=15$的标准分数；最后，得出认知储备问卷分数分布情况，如表2所示。

表2 标准化认知储备分数描述性统计

	样本量	最小值	最大值	平均数	标准差
标准化认知储备	221	70.22	152.97	100	15

（三）不同人口学变量下老年人认知功能与认知储备比较

总体样本的 MoCA 总分为（22.78+3.49）分，其中，60~69 岁的被试 MoCA 得分为（24.11+2.75）分，70~79 岁的被试 MoCA 得分为（22.03+3.62）分，80 岁及以上的被试 MoCA 得分为（20.09+3.42）分，差异具有显著统计学意义（$P=0.000<0.01$）；并且在文化程度分组中，MoCA 得分也具有显著差异（$P=0.000<0.01$），即文化程度在高中及以上的被试认知功能水平显著高于文盲或小学文化程度和初中文化程度两组的认知水平；被试不同的婚姻状况认知功能水平也存在差异，已婚被试的 MoCA 得分显著高于离婚或丧偶的被试（$P=0.019<0.05$）。

对于认知储备的得分，在文化程度分组中，认知储备得分也具有显著差异（$P=0.000<0.01$），即文化程度高的被试的认知储备水平显著高于文化程度低的被试。不同婚姻状况的被试认知储备的表现也存在差异，已婚被试的认知储备水平显著高于离异或丧偶的被试（$P=0.019<0.05$），详见表3。

表3 不同变量下 MoCA 和认知储备的差异性比较

变量	分类	n	MoCA	认知储备
性别	男	79	22.73+3.19	102.32+16.32
	女	142	22.81+3.66	98.70+14.10
	F 值		0.024	2.976
	P 值		0.878	0.086
年龄分组	60~69 岁	111	24.11+2.75	101.42+12.85
	70~79 岁	77	22.03+3.62	98.91+16.36
	80 岁及以上	33	20.09+3.42	97.74+18.10
	F 值		23.63	1.074
	P 值		$P<0.001$	0.344

续表

变量	分类	n	MoCA	认知储备
文化程度	文盲或小学	59	20.63+3.58	90.69+12.06
	初中	133	23.18+3.12	101.27+13.79
	高中及以上	29	25.34+2.42	113.06+14.22
	F值		24.079	28.535
	P值		P<0.001	P<0.001
婚姻状况	已婚	183	23.03+3.39	101.07+15.01
	离婚或丧偶	38	21.58+3.74	94.82+13.96
	F值		5.566	5.568
	P值		0.019	0.019

注：正文中 $P=0.000$，表格表达方式为 $P<0.001$。

（四）认知正常组与 MCI 组认知储备分数的比较

如表 4 所示，认知正常组的认知储备总分显著高于 MCI 组（$P<0.001$），不同组别在受教育年限、职业和认知休闲活动三个分量表的表现则有所不同，认知正常组在受教育年限、认知休闲活动以及职业上的得分均显著高于 MCI 组（$P<0.001$），详见表 4。为了更好地解释认知正常组与MCI 组在职业部分的差异，对认知储备职业分问卷进行进一步分析，问卷中职业部分的分数为工作年限乘以职业复杂程度（从 1 分到 5 分五点计分，分数越高表示复杂程度越高）。经过分析可知，两组工作年限部分得分差异不显著，但其职业复杂程度存在显著差异（$P<0.001$）。

表 4 认知正常组和 MCI 组认知储备分数的比较

变量	认知正常	MCI	T值	P值
认知储备	108.37+14.00	53.33+13.22	6.483	P<0.001
教育年限	11.17+3.48	8.29+3.51	5.787	P<0.001
职业	100.58+41.74	76.56+38.89	4.240	P<0.001
工作年限	35.00+7.87	36.03+9.34	−0.815	0.416
职业复杂程度	2.83+0.93	2.08+0.80	6.174	P<0.001
认知休闲活动	143.80+39.99	115.38+38.27	5.147	P<0.001

（五）老年人认知储备与认知功能的关系

将总体样本以及认知正常组和 MCI 组的认知储备总分与认知功能评估量表 MoCA 总分进行相关性分析显示，总体样本中认知储备总分与 MoCA 总分呈现显著正相关（$r=0.570$，$P<0.05$）；分组分析中，认知正常组与 MCI 组的认知储备分数与 MoCA 总分均呈显著正相关（$P<0.1$），详见表 5。随后分析各分量表的相关关系得出，除了在认知正常组中，职业部分得分与 MoCA 不存在显著相关关系。进一步分析职业部分，在总体样本和分组样本中，工作年限与 MoCA 总分均不存在显著相关的关系，而职业复杂程度则呈现显著正相关关系（$P<0.05$），其他各分量表的得分与 MoCA 总分在总体样本和分组样本中均存在中等程度的显著正相关关系（$r=0.323\sim0.482$，$P<0.001$）。

表 5 认知储备与认知功能的相关性

	MoCA 总分		
	总体样本（n=221）	认知正常组（n=75）	MCI 组（n=146）
认知储备总分	0.570**	0.283*	0.511**
教育	0.482**	0.323**	0.368**
认知休闲活动	0.470**	0.329**	0.392**
职业	0.410**	0.075	0.400**
工作年限	-0.081	-0.226	-0.033
职业复杂程度	0.553**	0.252*	0.523**

（六）认知储备对 MCI 的 Logistic 回归分析

进行回归分析，在仅纳入认知储备变量（模型 1）时，认知储备与 MCI 有关（$OR=0.958$，$95\%CI$：$0.943\sim0.973$），表明较高的认知储备是认知功能的保护性因素。在控制了年龄、性别、文化程度、婚姻状况等因素的影响后（模型 2），认知储备仍能够显著正向预测认知功能的水平（$OR=0.957$，

95%CI：0.940~0.975）。进一步对认知储备分量表分析（模型3），认知储备中的职业（OR = 0.990，95%CI：0.981~0.999）和认知休闲活动（OR = 0.984，95%CI：0.976~0.993）与MCI关联性更强，详见表6。

表6 认知储备对MCI的回归分析

变量	β值	SE值	Wald值	OR值（95%CI）	P值
模型1					
认知储备	-0.066	0.012	29.370	0.958（0.943~0.973）	P<0.001
模型2					
认知储备	-0.065	0.014	21.189	0.957（0.940~0.975）	P<0.001
性别	0.379	0.362	1.094	1.460（0.718~2.968）	0.296
婚姻状况	0.591	0.496	1.419	1.806（0.683~4.776）	0.234
文化程度	-0.532	0.307	2.999	0.587（0.322~1.073）	0.083
年龄	0.120	0.028	18.465	1.128（1.067~1.191）	P<0.001
模型3					
性别	0.279	0.368	0.576	1.322（0.643~2.718）	0.448
婚姻状况	0.472	0.495	0.906	0.341（0.607~4.232）	0.472
年龄	0.111	0.028	15.268	1.117（1.057~1.181）	P<0.001
认知储备					
教育	-0.212	0.117	3.310	0.809（0.664~1.017）	0.069
职业	-0.010	0.005	4.577	0.990（0.981~0.999）	0.032
认知休闲活动	-0.016	0.005	11.892	0.984（0.976~0.993）	0.001

四 讨论

本文结果显示，在正式被纳入研究的221位老年人中，146人为MCI，75人为认知正常。本文选取被试时采用方便取样，MCI评定标准主要依靠MoCA得分来划分，整体被试范围内初筛为MCI的比例较高，由于在招募被试时采取的是自愿原则，邀请带有认知方面困扰的被试进行MCI的相关筛查测试，并且收集了认知储备等相关资料。因此，初筛比例高于其他研究中的大数据普查结果。在社区和养老院范围内进行初筛，目的在于提高筛查的有效性和辨别率。本文全体样本的认知储备得分区间为70.22~152.97分，符合CRI问卷的评分范围，具有较好的评估效度。

从MoCA得分来看，认知功能在不同的年龄分组中差异显著，与认知正常组相比，MCI组的被试年龄显著高于认知正常组别的被试，多项研究也证实，年龄增加是MCI的独立危险因素[1]，但是本文并不能排除个体间所处社会环境和时代背景的差异对认知水平的影响，只单纯从年龄划分中得出结论。且不同的受教育程度对个体认知功能也产生不同的影响，MCI组被试的文化程度显著低于认知正常组被试，在国内进行的最大规模的关于痴呆和MCI的调查研究也表明MCI的患病率提高与较低的受教育程度相关，是显著的危险因素。[2] 教育在正常衰老以及退行性疾病或创伤性脑损伤的认知衰退中发挥作用，不仅能延缓AD病发，还可作为中介来调节AD出现后发病过程与认知功能之间的关系。这种来自教育的调节作用与AD的病理程度相关，在相应限度内的脑损伤导致的认知功能下降可被教育的保护效应相抵，超过限度则该效应会减弱甚至消失。[3] 较高（或较低）的受教育程度对成年人的生活方式有影响，个人受教育程度通常被视为促进发展和保护神经的因素，作为个体的早期经验重要的一部分对整体生涯产生深远的影响。[4] 而在分析中，婚姻状况与MCI也存在关系，已婚被试认知储备水平显著高于处于单身状态（离婚或丧偶）的被试，并且有研究也证实个体婚姻状况与AD和MCI有关，婚姻的终止或配偶的丧失可能会导致孤独、交流或互相帮助的减少，这些都是损害老

---

[1] 谢连珍：《关于老年人轻度认知功能障碍影响因素的分析研究》，《中国医药指南》2012年第31期。

[2] L. Jia, Y. Du, L. Chu, et al., Prevalence, risk factors, and management of dementia and mild cognitive impairment in adults aged 60 years or older in China: a cross-sectional study. The Lancet Public Health, 2020, 5 (12): e661-e671.

[3] 朱婉秋：《阿尔茨海默病认知储备相关神经机制的多模态磁共振成像研究》，博士学位论文，安徽医科大学，2022。

[4] K. B. Walhovd, A. M. Fjell, Y. Wang, et al., Education and Income Show Heterogeneous Relationships to Lifespan Brain and Cognitive Differences Across European and US Cohorts. Cerebral Cortex, 2021 (4): 4.

年人认知功能的影响因素。[1] 通过比较发现,婚姻状况不同的被试认知储备水平也存在显著差异,原因可能主要集中在认知休闲活动部分的自我报告情况,离婚或丧偶的被试日常生活中社会参与减少,独居生活或与子女共同生活中交流沟通明显减少,因此不利于发展新的兴趣爱好,参加有认知参与的休闲活动。相较于与配偶共同生活的已婚被试,认知储备水平明显较低。

随后的分析也证明,与文化程度较低的个体相比,文化程度较高的被试认知储备水平也较高。教育也是认知储备中最常用的且应用最广泛的指标。[2]

两组被试在认知储备问卷总分上存在显著差异,认知正常组的认知储备得分显著高于 MCI 组。在对分量表进行分析后,两组被试在教育、职业、认知休闲活动部分均表现出显著差异,除了前文讨论的教育外,一些研究表明,职业为个体提供一种附加的、独立的认知储备[3],通常考虑最后或最长时间的工作,不同的认知负荷对职业也有不同的价值。值得关注的是,其中进一步的分析发现,两组被试在工作年限的得分上没有表现出差异,因此职业部分的显著差异主要来自个体成年后工作中包含的工作认知水平,问卷中用职业复杂程度来代理。在一项元分析中,发现职业对个体的认知功能估计效能最大,并且职业与认知功能之间表现为中等程度的相关[4],本文也得到职业复杂程度与认知功能存在中等程度的正相关关系,与先前研究结果一致。在国外关于一项认知储备与痴呆、认知衰退和认知障碍的研究中发现,与低受教育程度和从事简单工作的个体相比,受教育

---

[1] Ross, Penninkilampi, Anne-Nicole, et al., The Association between Social Engagement, Loneliness, and Risk of Dementia: A Systematic Review and Meta-Analysis. Journal of Alzheimer's disease: JAD, 2018, 66 (4): 1619–1633.

[2] 何燕、余林、闫志民、赵守晗:《认知储备的测量及其在认知老化中的应用》,《心理科学进展》2015 年第 3 期。

[3] M. Nucci, D. Mapelli, S. Mondini, Cognitive Reserve Index questionnaire (CRIq): a new instrument for measuring cognitive reserve. Aging Clinical & Experimental Research, 2012, 24 (3): 218-226.

[4] C. Opdebeeck, A. Martyr, L. Clare, Cognitive reserve and cognitive function in healthy older people: a meta-analysis. Aging, Neuropsychology, and Cognition, 2016: 40-60.

程度较高或工作复杂程度较高的老年人具有更优的全局认知功能的可能性分别高出 7.1 倍或 4.6 倍。① 除此之外，认知休闲活动的参与也可以单独或协同增加认知储备，包括智力、社会和体育活动等，经过对比两组被试，认知正常组的认知休闲活动的参与水平显著高于 MCI 组，且在总体样本中，认知休闲活动的参与水平与认知功能亦存在中等程度的正相关。Ihle 等人对 2016 年的大型跨学科中的调查数据的研究发现，在 6 年的随访中，报告参与更多认知休闲活动的个人倾向于有更少的认知下降表现②，与先前多项研究的结论一致。最新的元分析研究也表明，个人经历（如休闲活动）允许一个人长期获取丰富的神经资源来应对认知能力的下降。③

同时，本文研究结果证明，在总体样本和分组的相关性分析中，认知储备总分及分量表与 MoCA 均呈显著正相关。此外，多因素 Logistic 回归分析结果显示，在控制了年龄、性别、文化程度、婚姻状况等因素的影响后，认知储备仍与 MCI 呈显著正相关，能够有效地正面预测老年人的认知功能。在一项荟萃分析中，认知储备与认知障碍的神经病理学水平之间的关联一致表明，在认知缺陷或临床脑损伤变得更明显之前，认知储备水平较高的个体比认知储备水平较低的个体更能够忍受较高水平的神经病理学表现。④ 按照认知储备理论，在认知障碍患者中，高认知储备水平者基于认知储备的代偿作用，只有经历严重神经或大脑损伤才会出现临床病症；而低认知储备水平者即使是面对轻微神经或大脑损伤也会出现明显的认知功能下降的状况，即在认知功能障碍的发病阶段，高认知储备水平者大脑

---

① Hala, Darwish, Natali, et al., Cognitive Reserve Factors in a Developing Country: Education and Occupational Attainment Lower the Risk of Dementia in a Sample of Lebanese Older Adults. Frontiers in Aging Neuroscience, 2018, 10.
② A. J. Petkus, M. E. Gomez, The importance of social support, engagement in leisure activities, and cognitive reserve in older adulthood. International Psychogeriatrics, 2021, 33（5）：433-435.
③ C. Ilaria, M. Giulia, C. D. Valerio, etal., The Protective Role of Cognitive Reserve in Mild Cognitive Impairment: A Systematic Review. Journal of Clinical Medicine, 2023, 12（5）.
④ M. E. Nelson, D. J. Jester, A. J. Petkus, et al. Cognitive Reserve, Alzheimer's Neuropathology, and Risk of Dementia: A Systematic Review and Meta-Analysis. Neuropsychology Review, 2021（3）.

的功能相对完善,结构损伤相对严重,低认知储备水平者情况则相反。①在一项包括2155名被试长达21年随访期的研究中发现,MCI的风险随着生命历程认知储备水平的提升而降低,认知储备得分最高组比最低组的MCI发生风险降低27%,转化为痴呆症的风险同样有所降低,且这种关系独立于病理的改变。② 由此可见,在一定程度上高认知储备水平是老年人认知功能的保护性因素。在进一步的Logisitic回归分析中也表明,职业和认知休闲活动与MCI关联性更强,即成年后从事复杂认知参与职业的,并且终身认知活动较为丰富的被试患痴呆等认知障碍的风险较低。基于以上分析结果,对老年人来说,个体经验中的教育和职业因素可参与后续进一步干预的幅度较小。因此,认知储备理论不是一项静态的指标,而是在整个生命历程中不断演变。③ 认知储备侧重于个体大脑的"软件"能力,可以通过生活习性、学习环境以及与认知相关联的社会活动调节以及增强。④ 梅晓凤等人进行的一项元分析中也表示,关于多领域的认知功能干预可提高MCI患者MoCA评分、ADAS-cog评分,能够积极改善其生活能力、生存质量,缓解其抑郁情绪。⑤ 我们更应该重视终身认知积极活动在维持晚年认知健康方面的重要性,希望之后的研究通过探究如何增加MCI患者的认知休闲活动部分提高个体的认知储备水平,适当地选择积极的认知负荷生活方式有助于保护大脑网络的连接,进而延缓老年人的认知衰退,采取合理的方式提高老年人认知休闲活动的参与度和效能,推动老年人在老年生涯阶段保持认知刺激活动,对预防和延缓认知功能的下降具有重要意义。

---

① 王乐聪、熊健、叶明珠、王孝倩、吴佳伟、郑国华:《认知储备及其在认知障碍康复中的研究进展》,《中国康复医学杂志》2022年第5期。
② 徐会:《生命历程认知储备与轻度认知功能障碍和痴呆症关系的队列研究》,博士学位论文,天津医科大学,2020。
③ M. J. Valenzuela, P. Sachdev, Brain reserve and dementia: a systematic review. Psychological Medicine, 2006, 36 (4): 441-54.
④ 姜文斐、汤雅馨、潘卫东:《认知储备能与认知功能障碍的新进展》,《中国临床神经科学》2016年第2期。
⑤ 周路路、陆媛、刘亚林、张慧、于德华、唐岚:《轻度认知障碍非药物治疗研究进展》,《中国全科医学》2021年第31期。

由于本文研究的样本量较小,存在一些局限性,且研究对象的来源较单一,因此研究结果外推受限。另外,受样本容量限制,并未对各分量表进行深入的回归分析,后期希望可以纳入更多被试,对更多影响因素进行具体研究。本文现阶段仅停留在探讨因素间的相关关系等层面,且为横断面研究设计,不能深入探究样本涉及的社会因素和纵向因素等带来的影响。希望未来的研究可以延续本文研究结果,对样本进行补充,并通过设计和组织认知干预的方法,探究认知干预对MCI患者延缓认知衰退及提升认知功能的影响。

综上所述,本文研究样本中的老年人的认知储备得分区间为70.22～152.97分,符合CRI问卷的评分范围,并且较高的认知储备水平能够正向预测认知功能,认知储备是老年人认知功能的保护性因素。当下国内研究更多针对阿尔茨海默病的筛查及干预,较少将重点放在更具前瞻性的轻度认知障碍阶段,国内进行的对于MCI群体的研究更多放在筛查和对认知特点的探讨上,而对认知储备较少有研究者探讨,本文通过探究认知储备与MCI患者的认知功能之间的关系,希望为后续研究奠定基础,为科学防治和延缓老年人认知障碍提供思路和方案。

(编辑:陈伟娜)

A Study on the Correlation between Mild Cognitive Impairment and Cognitive Reserve in the Elderly

WANG Lanshuang[a], LIU Wenqian[a], LI Chunhui[b]

(a. College of Education; b. School of Home Economics, Hebei Normal University, Shijiazhuang, Hebei 050024)

Abstract: To investigate the status of mild cognitive impairment (MCI) in the elderly in community, this study screens the patients with MCI, and explores the relationship between cognitive reserve and cognitive function of the elderly. The evaluation data and demographic variables of 221 elderly people were collected by using Montreal Cognitive Assessment (MoCA), Activity of Daily Living Scale (ADL) and Cognitive Reserve Index (CRIq). There was a significant positive correlation between the cognitive reserve score and the total MoCA score in the overall sample. In regression analysis, cognitive reserve positively predicts cognitive function when only the variables of cognitive reserve are included. After controlling the influence of other factors such as age, gender and years of education, cognitive reserve can still positively predict the level of cognitive function effectively. The total cognitive reserve score of the cognitive normal group is significantly higher than that of the MCI group. In the correlation analysis of the overall samples and groups, the total cognitive reserve score and MoCA score show significant positive correlation, and higher cognitive reserve can positively predict cognitive function.

Keywords: Cognitive Reserve; Mild Cognitive Impairment; Cognitive Function; The Elderly

• 人才培养 •

家政服务从业人员职业素养结构维度与提升策略

闫文晟

（菏泽家政职业学院家政研究中心，山东菏泽 274300）

摘　要：要提升家政服务从业人员职业素养，推动我国家政服务业高质量发展，科学的培养方法必不可少。首先，利用马克思主义辩证唯物主义方法论，科学重构家政服务从业者职业素养的五个结构维度。其次，在全面分析家政服务人员职业素养现状的基础上，提出了实施任职基本条件达标工程、增强职业归属感、加强职业道德教育、加强家政技术技能培养、加强家政专业知识教育五个方面的对策建议。

关键词：家政服务业员；职业素养；结构维度；培养策略

作者简介：闫文晟，历史学硕士，菏泽家政职业学院家政研究中心研究员，菏泽市天使家政研究中心理事长、法人代表。

一　引言

自 2016 年"工匠精神"被首次写进国务院政府工作报告后，"工匠精神"便成为近年来各行业的重要追求目标。[①] 面对用人单位越来越强调综合素质的现实需求，职业素养在人才培养质量中的"短板"效应逐渐显现，职业素养培养培训亟待加强。

在家政服务领域，解决职业素养问题尤为迫切，尤其近年来社会上出现的"毒保姆案""保姆纵火案""保姆杀人案"等一系列恶性事件，暴

---

① 《在第十二届全国人民代表大会第四次会议上》，https：//www.gov.cn/guowuyuan/2016-03/05/content_5049372.htm。

露了家政服务从业人员职业素养存在的突出问题。因此，国务院办公厅于2019年6月颁布印发了《关于促进家政服务业提质扩容的意见》，即著名的"家政36条"，将"提高家政从业人员素质"放到第一条。[①] 商务部等部门又于2023年5月颁布印发了推进家政服务业提质扩容的"6条措施"，再次把"提高从业人员职业素养"放在第一条。[②]

由此可见，开展家政服务从业人员职业素养及其培养的研究，具有重要的理论意义和现实价值。一名优秀的家政服务从业人员应该具备哪些职业素养？目前该行业从业人员的职业素养现状如何？如何培养和提升从业人员的职业素养？这些均是当前我们迫切需要解决的问题。

二 家政服务从业人员职业素养结构维度

科学界定家政服务从业人员的概念，准确认识家政服务从业人员内涵和外延，是建构职业素养结构维度的重要前提。

（一）家政服务从业人员

家政服务业是指以家庭为服务对象，由专业人员进入家庭住所提供或以固定场所集中提供对孕产妇、婴幼儿、老人、病人、残疾人等的照护以及保洁、烹饪等有偿服务，满足家庭生活照料需求的服务行业。[③]

家政服务员即家政服务从业人员，是指以家庭为服务对象，进入家庭成员住所或以固定场所集中提供对孕产妇、婴幼儿、老人、病人、残疾人等的照护以及保洁、烹饪等有偿服务，满足家庭生活需求的服务员。[④]

2022年12月新修订出版的《中华人民共和国职业分类大典》，进一步

---

① 《国务院办公厅关于促进家政服务业提质扩容的意见》，https：//www.gov.cn/zhengce/content/2019-06/26/content_5403340.htm。
② 《促进家政服务业提质扩容2023年工作要点》，http：//www.mofcom.gov.cn/zfxxgk/article/gkml/202305/20230503409893.html。
③ 《国务院办公厅关于促进家政服务业提质扩容的意见》，https：//www.gov.cn/zhengce/content/2019-06/26/content_5403340.htm。
④ 《商务部、国家卫生健康委员会关于建立家政服务员分类体检制度的通知》，https：//www.gov.cn/zhengce/zhengceku/2020-06/25/content_5521792.htm 。

将家政服务从业人员定义为：从事家务料理、家庭成员照护、家庭事务管理等工作的人员，并具体明确了家政服务从业人员的 8 项主要工作任务（见表 1）。①

表 1　家政服务从业人员 8 项主要工作任务

序号	主要工作任务
1	清洁家庭卫生、洗熨衣物、烹调饭菜、采购物品、料理家庭相关事务
2	照护家庭中的孕妇生活起居，配置营养膳食，进行妊娠保健护理，制定、实施胎儿教育计划
3	照护家庭中的产妇生活起居，配置营养膳食，指导产妇形体恢复训练，进行产妇心理卫生疏导
4	照护家庭中的新生儿生活，配置新生儿饮食，喂养新生儿，进行新生儿保健护理
5	照护家庭中的婴幼儿生活起居，配置婴幼儿膳食，进行婴幼儿保健护理，辅助婴幼儿启蒙教育
6	照护家庭中的老年人起居，配置老年人膳食，进行老年人健康保健指导，陪护老年人出行，照护老年人安全
7	照护家庭中的病患生活起居，配置病患营养膳食，照护病患饮食，进行病患康复与保健指导
8	管理家庭中有关事务，规划家庭服务岗位，安排家政服务人事，管理家庭生活开支，策划、安排家庭宴会，规划、美化家庭环境

综上，我们可以对家政服务从业人员形成以下 4 点认识和判断。

第一，家政服务从业人员应为身心健康人员。家政服务从业人员进入千家万户，直接接触食品或人体，特别是服务老人、孕产妇、婴幼儿等特殊群体，与人民群众生命健康息息相关，因此其身心健康异常重要。这是从事该行业最基本的前提条件。

第二，家政服务从业人员应为专业人员。随着家政服务内容日益多样细分和消费者对家政服务质量要求日益提高，无论是家务料理、家庭成员照护，还是家庭事务管理，都需要家政服务从业人员具备一定的专业技能技术水平，② 这是从事该行业的必要条件，也是规范从业者从业行为的重

---

① 《中华人民共和国职业分类大典》，中国劳动社会保障出版社，2022，第 258 页。
② 《家政服务员国家职业技能标准》，中国标准出版社，2019，第 5 页。

要依据。

第三，家政服务从业人员工作空间相对封闭。家政服务从业人员的服务对象是家庭，而家庭是建立在婚姻和血缘关系之上，并靠爱情和亲情等关系来维系的。[1] 家政服务从业人员作为一个与雇主无血缘、无亲情的外来人，要想在这个封闭空间内与服务对象和谐相处，只能靠自身良好的职业素养。

第四，家政服务从业人员的未来发展方向应定位到高素质、高技能、复合型高端家政专业人才。家政服务从业人员8项主要工作任务的前7项属于"家务料理和家庭成员照护"的范畴；而第8项规定的"规划家庭服务岗位，安排家政服务人事，管理家庭生活开支，策划、安排家庭宴会，规划、美化家庭环境"则属于"家庭事务管理"的范畴，这是一种高层次的家政服务。目前，在北京、上海、广州等一线城市已存在这种高端需求，但相应的高端家政人才却凤毛麟角，这是未来家政人才培养的新方向。新修订的《中华人民共和国职业分类大典》仅规定了"生活服务照料服务人员"的5个职业（4-10-01-01婴幼儿发展引导员、4-10-01-03保育师、4-10-01-04孤残儿童护理员、4-10-01-05养老护理员、4-10-01-06家政服务从业人员）、7个工种（育婴员、托育师、失智老年人照护员、母婴护理员、整理收纳师、家务服务员和家庭照护员等），[2] 尚未涉及家政事务管理的高端职业和高端工种。我们要未雨绸缪前瞻性开发高素质、高素养的高端家政专业人才，满足高端家庭的多元化、个性化需求。

我们只有在明晰新时代家政服务从业人员的工作性质和从业特点的基础上，才能进一步科学构建新时代家政服务从业人员的职业素养结构维度。

（二）职业素养结构维度

《现代汉语大辞典》将"素养"定义为：平日的修养。将"修养"定

---

[1] 高文杰：《家政服务员职业素养研究——以上海市为例》，硕士学位论文，华东师范大学，2010，第21页。
[2] 《中华人民共和国职业分类大典》，中国劳动社会保障出版社，2022，第259页。

义为：理论、知识、艺术、思想等方面的一定水平；养成正确的待人处事的态度。① 所以，素养包括理论素养、知识素养、艺术素养、思想道德素养和态度等诸多内容。根据"冰山理论模型"，这些内容被分为显性素养和隐性素养两部分。前者包括专业知识、职业技能等，占1/8；后者包括态度、价值观等，占7/8，支撑前者。这是目前国内外学术界对职业素养达成的共识。具体到不同的职业群体，职业素养又有其个性化内涵，比如，医生有救死扶伤的职业素养，教师有教书育人的职业素养，军人有保家卫国的职业素养。就家政服务从业人员职业素养来说，目前学术界有以下几种代表性观点：张旭将其构成要素设置为4个一级指标、12个二级指标，② 李杰、刘颖、黄献优等将其设置为3个一级指标、8个二级指标，③ 赵依然、李杰经将其设置为4个一级指标、49个二级指标，④ 高文杰将其设置为3个一级指标、18个二级指标（见表2）。⑤

表2 家政服务从业人员职业素养代表性观点

学者	一级指标	二级指标
张旭	知识与技能	专业知识、综合业务技能
	沟通与表达	沟通能力、表达能力、倾听能力
	素质与素养	执行力、情绪管理、服务意识、应变能力
	人格与特质	主动学习、成就感、尽职尽责
李杰 刘颖 黄献优	知识	归纳能力、理解能力
	技能	关系建立、灵活性、专业技能、主动性
	态度	服务精神、献身精神

---

① 中国社会科学院语言研究所词典编辑室编《现代汉语词典》，商务印书馆，1991，第1096、1297页。
② 张旭：《基于胜任力的A家政服务公司培训管理研究》，硕士学位论文，南京师范大学，2020。
③ 李杰、刘颖、黄献优：《基于胜任力模型的高级家政服务员特质研究》，《科技创业月刊》2015年第28期。
④ 赵依然、李杰：《家政服务人员岗位胜任力模型初探》，《南阳师范学院学报》2022年第21期。
⑤ 高文杰：《家政服务员职业素养研究——以上海市为例》，硕士学位论文，华东师范大学，2010。

续表

学者	一级指标	二级指标
赵依然 李杰	专业知识	医疗基础知识、慢性病预防、安全用药、康复护理、常见病知识、相关法律法规、心理知识、生理基础知识、康养知识、健康教育普及、政府政策、家庭礼仪、防火防盗
	职业技能	突发事件应变及处理技能，搜集工作资料、信息技能，照护基本生活技能，合理饮食搭配技能，照料睡眠、排泄，疼痛缓解护理，各类器具（医疗、厨卫、家居）使用技能，消毒隔离技能，记录动态变化（病情观察、爱心记录）技能，特殊护理技能，心理沟通支持和疏导，急救技能，搞好个人卫生、环境卫生
	个人能力	有效沟通表达能力，快速执行能力，应变能力，组织能力，协调任务能力，学习能力，家政服务创新能力，团队协作能力，身体健康、仪表整洁，个人素养（言行、礼仪），自我情绪控制能力
	职业道德与态度	积极主动，责任心，服从性，职责定位清晰，热心、耐心，针对现实提出问题并有效解决，快速适应环境，有界限感，尊重隐私，职业操守，吃苦耐劳，慎独精神
高文杰	基础素养	身体素养、心理素养、文化素养、学习力、学习意识
	核心素养	职业认同、职业责任心、服从意识、沟通意识、服务意识、职业守则、职业技能、职业知识、职业形象、职业礼仪
	其他素养	安全素养、法律素养、卫生素养

由于以上4种观点依据的理论基础不同，其构建的职业素养结构维度也不尽相同。前三者依据"胜任力理论"，将职业素养分为2级指标、2种素养（隐性和显性）；第四种观点依据成人教育学理论等将职业素养分为2级指标、3种素养（基础、核心和其他）。因此，对于家政服务从业人员职业素养结构维度，学术界尚未达成共识，尚未形成统一的标准。标准不统一既不利于职业教育、家政企业和培训机构开展家政技能培训，也不利于用人单位对家政服务从业人员的招聘和评价，更不利于家政服务业的提质扩容。

虽然4种观点依据的理论基础不同、结构维度不同，但是经过仔细分析和梳理，我们仍不难发现它们的共性，即前提条件、职业归属感、职业道德、专业知识、职业技能5个核心要点。虽然在表述时所用的具体词语不一样，但本质上指向同一个关键词。比如，前提条件分别被表述为沟通与表达能力、归纳能力、理解能力、学习能力、身体素养等；将职业归属感分别表述为成就感、服务精神、献身精神、责任心、职业认同等。基于求同存异的考量，这五个核心要点应是家政服务从业人员必备的核心职业素养。

以上这些宝贵的研究成果为我们进一步科学构建家政服务从业人员职业素养结构维度奠定了基础、提供了思路。但我们要进一步准确构建、科学完善家政服务从业人员的结构维度，还必须找准相应的科学依据。

《中国家政服务业发展报告（2018）》把家政服务从业人员职业素养构建为身体素质、职业归属感、职业道德、专业技能、沟通表达能力和学习能力6个维度；①《家政服务员国家职业技能标准（2019年版）》将家政服务从业人员职业素养构建为职业能力特征（学习能力、动手能力、计算能力、语言表达能力和人际沟通能力，身心健康，视角、听觉正常）、职业道德、专业知识、职业技能；②《中华人民共和国职业教育法（2022年修订）》，将职业素养构建为"职业道德、科学文化与专业知识、技术技能和行动能力"4个部分。③ 这三个文件所表述的职业素养虽然在结构维度数量上与前文所述有所不同，但本质上是一致的，只不过文件中用身体素质、沟通表达能力和学习能力、职业能力特征和行动能力等词语表达"前提条件"，从政策层面给我们提供了相应的实践标准和法律依据。

综上，我们将家政服务从业人员职业素养结构维度分解为行动能力（前提条件）、职业归属感、职业道德、专业知识、技术技能5个一级指标。二级指标只可定性，不可定量，因为一个微笑、一个眼神、一个动作手势等都能显示一个人的职业素养，有些只可意会不可言传，无法列举穷尽。因此，我们暂且将二级指标定性为30个关键词（见表3）。

---

① 莫荣：《中国家政服务业发展报告（2018）》，中国劳动社会保障出版社，2018，第152~154页。
② 《国家职业技能标准——家政服务员（2019年版）》，2019，第1页。
③ 《中华人民共和国职业教育法》，http://www.moe.gov.cn/jyb_sjzl/sjzl_zcfg/zcfg_jyfl/202204/t20220421_620064.html。

表3　家政服务从业人员职业素养结构维度

序号	一级指标	二级指标
1	行动能力（前提条件）	年龄特征、性别特征、学历层次、身体条件、学习能力、动手能力、计算能力、语言表达能力、人际沟通能力
2	职业归属感	职业认同感、成就感、荣誉感、责任感
3	职业道德	遵纪守法、诚实守信、爱岗敬业、主动服务、尊老爱幼、谦恭礼让、崇尚公德、不涉家私
4	专业知识	礼仪常识、安全常识、卫生常识、相关法律、法规常识
5	技术技能	家政服务与管理技能、母婴护理技能、家庭照护技能、家居收纳与管理技能和技能培训、指导与管理技能

三　家政服务从业人员职业素养现状

明晰了家政服务从业人员职业素养结构维度，我们才能据此进一步全面分析该行业从业人员职业素养现状。

（一）基本任职条件有待提高

2021年，我国家政服务从业人员已超过3000万人，[1] 每5个家庭中就有1个家庭需要雇用家政服务从业人员。[2] 据预测，未来5年上海对于高层次家政服务专业人才的缺口将高达20万人，[3] 如此庞大的家政服务业从业群体基本任职条件不容乐观。一是现有家政服务从业人员存在女性为主、年龄偏大、文化程度偏低、技术技能水平较弱等问题。[4]《中国家政服务业发展报告（2022）》显示，2021年家政服务从业人员中女性占93.6%；以"4050"人员为主，40岁以上占83.0%，50岁以上占37.0%；

---

[1] 莫荣、张剑飞主编《中国家政服务业发展报告（2022）》，社会科学文献出版社，2022，第1页。
[2] 史红改、杨波：《高端家政服务市场需求调查报告》，《家庭服务》2018年第7期。
[3] 王蔚：《不是让大学生做"阿姨"，而是"上海阿姨"成了大学生，首批"都市家务师"即将本科毕业》，《新民晚报》2023年6月12日。
[4] 闫文晟：《构建家政工匠培养的中国模式》，《中国教育报》2019年6月4日。

初中及以下学历占71.20%,高中学历占20.12%,高中及以下学历占91.32%。① 二是流动性高、稳定性差。从业人员88.6%来自农村,根据农忙和农闲的不同时间,游走于"务农"和"家政服务"之间,家政服务作为一项"零工"而非"职业"的定位影响了从业人员提升职业能力的意愿。调查显示,大约一半家政服务人员并非全职,超过17%的人员在1年中从事家政服务的时间不超过半年,从业年限在4年以下人员的超过75%;还有些从业人员相互比较薪酬,发现高工资就不辞而别,一走了之,缺乏服务意识和责任感。

另外,家政服务从业人员接受新事物、新知识的能力较弱,学习深造、参加培训的意愿不强,缺少持续提高专业技能的内在动力,学习能力相对较低。为了获得证书参加学习培训的多,获证后继续学习和再培训的少,培训成本高且效果差。这些因素均影响了家政服务从业人员职业技能水平的提升,以至于他们只能从事一些低门槛的家务型岗位。而目前需求量大的月嫂、育婴师、保育员等高端技能岗位,从业者则比较稀缺,满足不了市场和社会的需求。

(二) 缺乏职业归属感

家政服务从业人员普遍缺乏职业归属感。一是传统观念根深蒂固,消费者认为家政服务工作属于"低技术含量"的工作,常戴"有色眼镜"看待家政服务从业人员,就连不少从业人员本人也认为家政服务工作"低人一等",这种偏见导致家政服务从业人员在社会上得不到应有的尊重和认可。特别是一些极端事件带来的负面影响使公众对家政服务从业人员评价普遍不高,使从业人员饱受职业道德审视,导致从业人员职业尊严感、安全感低,从而缺乏职业认同感。二是员工制家政服务企业难以落地。虽然在北上广等家政服务需求旺盛的地区出现了一些市场化培训公司,实现了培训就业一体化。但是由于员工制模式需要的成本高,日常管理难度大,

---

① 莫荣、张剑飞主编《中国家政服务业发展报告(2022)》,社会科学文献出版社,2022,第50页。

"中介式"管理仍是当前的主要管理模式,家政服务从业人员与雇主之间大多是短期的雇佣关系或者合同关系,缺乏"单位人""职业人"意识,因而也就缺乏责任感和荣誉感。三是缺乏相关的法律保护体系。目前我国没有对家政服务工作和家政服务从业人员的法律地位作出明确规定,家政服务从业人员、雇主、家政机构三方权利义务不明确,在人员管理、风险防范等方面存在真空,导致家政服务从业人员权益缺乏有效保障,在供给端不利于吸引劳动力进入家政服务业。四是维权意识淡薄。调查显示,超过三成的家政服务从业人员在服务期间未与家政机构或雇主签订相关劳动合同或协议,尤其是在熟人介绍的情况下,口头达成协议者居多,不重视用劳动合同或协议维护自身权益。

(三)职业道德素养有待提高

调查显示,53.91%的消费者认为家政服务从业人员欠缺修养、素质较差。[①] 严重的,甚至出现个别家政服务从业人员偷窃雇主财物,虐待老人、孩童等违法犯罪行为。

造成这种问题的原因:一是家政服务从业人员接受教育时间短,多数来自偏远和贫困农村地区,没有接受任何专业家政技能培训、职业道德素养和法律法规培训。二是实践培训中大都没有职业道德素养这门课,缺乏相应的培训教材。培训机构存在对职业道德素养教育认识不足、重视不够、手段不多、课程与教材开发薄弱等现象,因而在实践中导致重专业技能教学、轻职业素养培养。

(四)家政技术技能欠缺

调查显示,54.7%的被调查者认为家政服务从业人员职业技能较差。[②] 在实际工作中家务达标情况与消费者期望值有较大差异。部分家政服务从业人员不会使用现代化的智能家用电器,对婴幼儿、孕产妇、老人的照顾

---

① 史红改、杨波:《高端家政服务市场需求调查报告》,《家庭服务》2018年第7期。
② 史红改、杨波:《高端家政服务市场需求调查报告》,《家庭服务》2018年第7期。

普遍缺少专业护理知识与技能。

造成这种问题的原因：一是家政教育未普及，无法保证培训质量。存在院校少、招生少、进入家政行业少、流失多的"三少一多"现象，从而缺乏专业技能型的培训讲师和管理人才，无法培养出高素质、职业化家政服务的从业者。二是家政培训欠规范。家政服务从业人员培训需要一系列科学的标准、完善的体系、高水平的师资、大量软硬件投入以及良好的市场环境。但现实中大多数家政服务企业未建立家政服务从业人员持续性的、经常化的培训机制，家政培训机构"小散乱"，软硬件不达标，不仅缺少系统、专业的课程体系、培训教材和培训师资，而且培训内容与市场脱节，培训时间短，培训"走过场"，有些家政服务从业人员未经培训直接上岗，更有甚者乱发培训证书。三是家政服务业标准偏低，没有权威技能鉴定标准，没有通用标准，技能评价不公开、不透明。即使有标准，由于缺乏部门监督执行，也难以落地。这都导致家政服务从业人员整体技能低、服务差，服务纠纷不断。

四 家政服务从业人员职业素养提升策略

职业素养提升是一项长期的、艰难的工作，需要持续研究和系统实践。在教育领域，有些省市已进行了卓有成效的探索。如北京市为培养中职学生的职业素养，精心打造了"学生职业素养护照"，为学生高质量就业量身定做了"第二身份证"；[1] 湖南省则将工匠精神与省域特点相结合，精心打造了"有湖南人特质，有工匠精神，有精湛技艺，有创新本领"的"芙蓉工匠"新生代职业素养，"芙蓉工匠"成为"湖南制造升级之基石，强盛之利器"，"打造'芙蓉工匠'助推'制造强者'"入选湖湘智库研究"十大金策"。[2] 这些生动的具体实践，为职业院校高质量培养技术技能

---

[1] 施剑松：《推广中职学生职业素养护照》，《中国教育报》2019年11月28日。
[2] 《让工匠精神根植"芙蓉国"——湖南"芙蓉工匠"新生代职业素养培养效果显著》，http://www.moe.gov.cn/jyb_xwfb/xw_zt/moe_357/jyzt_2017nztzl/2017_zt02/17zt02_zjzx/201705/t20170512_304491.html。

人才提供了经验借鉴，为职业素养研究提供了理论支撑和研究参照，兼具地方特色和普遍价值。

在家政服务领域为从业人员量身定做"职业素养护照"，精心打造家政服务领域的"家政工匠"，是一项系统工程，既需要政府部门的顶层设计、统筹规划，也需要教育部门、行业企业、从业人员的共同努力、齐心协力。

（一）实施任职基本条件达标工程，优化家政服务从业人员供给结构

家政服务从业人员任职的基本条件首先是身体健康，其次是学历和年龄。建议着力做好以下两方面的工作。

一是加快落实家政服务从业人员分类体检制度。家政服务从业人员进入千家万户，直接接触食品或人体，特别是服务老人、孕产妇、婴幼儿等特殊群体，与人民群众生命健康息息相关。罹患传染病、精神病或其他严重疾病的人员从事家政服务，会给消费者健康安全带来隐患。[①] 身体健康是家政服务从业人员从事该行业的"敲门砖"和前提条件。因此，构建家政服务从业人员体检服务体系势在必行。

二是加快推进家政服务从业人员队伍的年轻化、专业化。据调查，90%以上的中高端家庭需要的家政服务从业人员的学历均在高中以上，但是当前家政服务从业人员的学历大都在初中及以下，这与市场需求极不吻合。按照2019年国务院办公厅发文提出的"每个省至少一所本科若干所高职开设家政专业"的要求，[②] 假如每个省有1所本科院校、每个地级市有1所高职院校开设家政相关专业的话，全国应该有30余所本科院校、近300所高职院校开设家政专业。据不完全统计，目前全国共有122所院校开设了125个家政相关专业，家政专业在校生仅为1344人，平均每所学校

[①]《商务部、国家卫生健康委员会关于建立家政服务员分类体检制度的通知》，http://file.mofcom.gov.cn/article/zcfb/zcfwmy/202006/20200602977395.shtml。

[②]《国务院办公厅关于促进家政服务业提质扩容的意见》，https://www.gov.cn/zhengce/content/2019-06/26/content_5403340.htm。

不足 20 名，①远未达到文件要求。这不免引起我们的深思，因此我国须从两方面入手，一要学习借鉴日本、美国、菲律宾等国经验，家政教育"从娃娃抓起"、从源头抓起、从基础教育抓起，构建从小学到中学再到大学的家政教育体系，提高国民整体家政素养，切实培养专业的家政服务从业人员"正规军"，改变当前以游走于城市和乡村之间的农民工为从业主体的情况，达到"水涨船高"的目的。二要引领疏导其他专业毕业生到家政服务领域就业创业。近年来，全国高校毕业生就业难已成共识。一边是高校毕业生就业难，一边是家政服务业招聘难。我们能否把这两个问题统筹起来考虑？如果能把其他专业的毕业生引向家政服务领域就业创业，也不失为就业难和招聘难问题一个好的解决之道。既分解和疏导了其他专业的就业压力，也破解了家政专业高技能人才稀缺的困境。这就要求各级政府实施支持高校毕业生到家政服务领域就业创业的优惠政策。鼓励高校毕业生创办家政企业，并对符合条件的按规定给予一次性创业补贴、社保补贴。

（二）增强职业归属感，调动家政服务人员的积极性、主动性和创造性

马斯洛需要层次理论表明，"归属和爱的需要"是人的重要心理需要。缺乏职业归属感的人会对自己所从事的工作缺乏激情、缺乏责任感。所以，职业归属感是家政服务从业人员做好本职工作、达成组织目标的心理基础。只有增强职业归属感，才能充分调动家政服务从业人员的积极性、主动性和创造性，才能真正提高服务质量，促进家政服务从业人员职业化发展。

一是加快发展员工制家政服务企业。员工制家政服务是指家政服务企业一方面直接与消费者签订服务合同，统一安排服务人员为消费者提供服务；另一方面，与家政服务从业人员依法签订劳动合同或服务协议并缴纳社会保险，直接支付或代发服务人员不低于当地最低工资标准的劳动报酬，并对服务人员进行持续培训管理的一种家政服务模式。②员工制家政服务企业依托劳动合同或服务协议、劳动报酬发放、日常管理培训等抓手

---

① 刘天放：《保障从业者权益助力家政提质扩容》，《中华工商时报》2021年4月12日。
② 莫荣、张剑飞主编《中国家政服务业发展报告（2022）》，社会科学文献出版社，2022，第197页。

在家政服务企业和从业人员之间建立更加紧密的关系，借此实现规范化管理以及人员技能和素质的提升，解决行业发展的顽瘴痼疾。只有发展员工制家政服务企业，从业人员才能成为"单位人"，才能有家的归属感，才能树立"企荣我荣、企耻我耻"的荣誉感。

二是促进家政服务人员权益保护。目前我国还没有一部法律对家政服务工作和家政服务从业人员的法律地位做出明确规定。要加快制定、出台符合家政服务业特征的劳动法律政策，明确界定家政服务从业人员、雇主和家政服务企业三方权利义务，提高家政服务劳动的价值，降低家政服务从业人员的职业风险。

三是加强表彰宣传。加强对家政服务领域就业创业典型案例、"最美家政人"等优秀家政服务人员的表彰宣传。通过挖掘先进典型，发挥先进典型的带动作用，营造家政成才、家政致富的良好氛围，帮助家政服务从业人员赢得社会尊重，增强家政服务从业人员的职业认同感和职业荣誉感，鼓励和引导更多劳动者投身家政服务业。

四是打造统一的家政服务从业人员制服等特有的文化符号。众所周知，"白大褂""蓝警服""绿军装""红马甲"等制服给人以敬畏和尊重的感受，统一的制服对外传递着尊严和信心，对内昭示着责任和自豪。英国百年名校诺兰德学院被称作培养"超级保姆"的摇篮而享誉世界，其成功的核心经验之一就是把制服打造为该校学生身份的象征，有效提升了家政专业学生专业认同感和责任感。[①] 所以，有关部门要加快研发符合家政服务从业人员特点的工作制服，打造家政服务业特有的文化品牌。

五是改变"低人一等"的错误认知。"菲佣"之所以享有世界美誉的一个重要原因是家政服务从业人员在菲律宾是受人敬重的职业。该国从小学到中学再到大学已基本普及家政教育，大中专毕业生如想进入该行业，还要经过严格、规范的家政技能培训。该国已经形成一个"学家政、干家政"的浓厚的、良好的氛围，从业人员具有强烈的职业认同感、职业归

---

① 罗敏：《基于英国个案分析的职教本科家政专业人才培养的实践路径》，《家庭服务》2020年第9期。

属感。所以，重拾我国家政服务业人员的底气和信心，需要国家层面从顶层设计上拿出"接地气"的措施，在提高家政服务从业人员地位上做文章。

（三）加强职业道德素养教育，提高家政服务从业人员职业道德素养水平

北京开放大学史红改组建的家政服务业调查小组调研数据显示：消费者对家政服务从业人员最看重的几项条件中，职业道德素养占100%，职业技能占84.35%。[①] 所以，良好的职业道德素养是每一个家政服务从业人员必须具备的基本品质，它不仅是对家政服务从业人员在工作中提出的行为标准和要求，也是家政服务从业人员对社会所应负的道德责任与义务。建议从以下几个方面培养和提升家政服务从业人员的职业道德素养。

一是把"家政公约"谱成歌曲。"木受绳则直，金就砺则利。" 1935年，红二十五军到达陕甘后，刘华清将军为了对新兵进行纪律教育，曾将《三大纪律八项注意》谱成歌曲，唱响大江南北，成为中国共产党战无不胜的法宝之一。[②]《家政服务员国家职业技能标准（2019年）》提出的"家政公约"包括遵纪守法、诚实守信；爱岗敬业、主动服务；尊老爱幼、谦恭礼让；崇尚公德、不涉家私。我们不妨也将其谱成歌曲，既朗朗上口，又便于记忆，使其成为口口相传、人人皆知和牢记的行为规范，这样也许会对家政服务从业人员提高职业道德素养教育产生意想不到的效果。

二是加强诚信教育。2013年11月27日，习近平总书记在视察济南市外来务工人员综合服务中心时，提出了家政服务业要坚持"诚信为本，提高职业化水平"的要求。对进入家庭工作的家政服务从业人员来说，拥有诚信的品格尤为重要。一方面，可以通过理论学习滋养、典型案例示范等，使家政服务从业人员养成遵纪守法、诚实守信的高尚品格。另一方面，积极引导家政服务从业人员在家政服务信用信息平台上建立就业档

[①] 史红改、杨波：《高端家政服务市场需求调查报告》，《家庭服务》2018年第7期。
[②] 吴东峰：《刘华清曾为〈三大纪律八项注意〉歌"谱曲"》，《北京日报》2013年6月3日。

案，主动申报就业信息。将诚信素养与市场准入、信用等级评价等挂钩，把诚信激励与失信惩戒机制纳入考核内容当中，用严格的制度约束人。

三是加强保密教育。保密是处理家政服务从业人员与消费者关系中最重要的原则。因为有些住家家政服务从业者与雇主全天生活在一起，家中的大事小情都逃不过他们的眼睛。家政服务从业人员必须养成不涉家私的良好品格。这一点英国诺兰德学院要求相当严格。诺兰德学院在招生选拔学生时，职业道德是招生标准中重要一项。即使毕业了，也必须严格遵守《诺兰德职业守则》，否则就会进入"黑名单"，将不能从事该项工作，也不会在该行业找到工作。①

（四）加强家政技术技能培养，提高家政服务从业人员职业技术水平

家政服务从业人员熟练掌握相关岗位技术技能是其进入该行业的基本前提，也是衡量家政服务从业人员职业素质和能力的重要标尺。

家政服务从业人员技术技能主要包括家政服务与管理技能、母婴护理技能、家庭照护技能、家居收纳与管理技能和技能培训、指导与管理技能等。主要分为4个等级（五级/初级工、四级/中级工、三级/高级工和二级/技师）和4个工种（母婴护理员、家务服务员、整理收纳师、家庭照护员）。各等级、各工种的技能要求逐级递进，由简到繁，由易至难，遵循高级别涵盖低级别的原则。以"母婴护理员"工种中的"婴幼儿喂养照护"为例，从五级到三级的变化便可一目了然（见表4）。

表4 婴幼儿喂养照护技能变化②

级别	技能要求	相关知识要求
五级/初级工	1 能给婴幼儿冲调奶粉 2 能给婴幼儿调换奶粉 3 能根据婴幼儿月龄添加辅食 4 能根据婴幼儿月龄制作辅食 5 能给婴幼儿喂食、喂水	1 婴幼儿乳食计量要求 2 调换奶粉的方法和注意事项 3 婴幼儿辅食添加原则等常识 4 婴幼儿辅食制作方法 5 婴幼儿喂食、喂水方法与注意事项

---

① 《诺兰德学院：世界一流保姆的摇篮》，《家庭服务》2015年第5期。
② 《国家职业技能标准——家政服务员》，2019，第10~33页。

续表

级别	技能要求	相关知识要求
四级/中级工	1 能给婴幼儿制订膳食计划和食谱 2 能在医生指导下喂养患病婴幼儿 3 能指导短期母子分离的母乳喂养 4 能给婴幼儿配制果蔬汁	1 婴幼儿膳食计划和食谱制订方法 2 婴幼儿常见病饮食照护方法 3 母乳的储存、解冻、喂哺方法 4 婴幼儿果蔬汁配制方法
三级/高级工	1 能根据生长周期特点喂养婴幼儿 2 能引导拒食配方奶婴儿进食配方奶 3 能矫正婴幼儿拒食、厌食、偏食 4 能使用酸奶机为婴幼儿制作酸奶 5 能为婴幼儿制作小饼干、小甜点	1 不同生长阶段婴幼儿喂养方法 2 拒食配方奶婴儿喂养方法 3 拒食、厌食、偏食的矫正方法与注意事项 4 酸奶的制作方法与注意事项 5 花式小饼干、小甜点的制作方法
二级/技师 （不分工种，一律称作技术岗位管理）	1 能制订家务服务员工作计划 2 能安排、指导、监督家务服务员工作 3 能制订母婴护理员工作计划 4 能安排、指导、监督母婴护理员工作 5 能制订家庭照护员工作计划 6 能安排、指导、监督家庭照护员工作	1 家务服务员岗位职责 2 家务服务员工作计划制订方法 3 母婴护理员岗位职责 4 母婴护理员工作计划制订方法 5 家庭照护员岗位职责 6 家庭照护员工作计划制订方法 7 家政服务行业运营管理规范

所以，为促进家政服务从业人员技能技术培训的规范化、专业化，建议做好以下几方面的工作。

一是规范家政技能培训。严格按照国家家政技能标准，根据不同岗位、不同工种、不同级别的技能要求和相关知识要求，开发相应的培训模块，切实增强家政技能培训的层次性、系统性和完整性。

二是充分考虑地域特征。我国地域广阔、民族众多。不同地域、不同民族生活习惯不一，语言特点各异。我们应在国家标准的基础上，据此开发与地域特色相适应的家政服务从业人员技能标准，编写与地域特色相适应的家政技能培训教材。

三是与时俱进灵活升级家政技能培训标准。当前，我国经济发展迅猛、日新月异，人民生活水平和实际需求也在时刻变化中。我们需及时更新家政技能培训标准，针对不同类型家政服务（产品）、不同服务场景的服务规范与评价制定不同的标准,① 以适应人民不断增长的个性需求。例如,针对养老护理、婴幼儿照料等家政服务紧缺工种,开设一批实用性强的培训项目;针对收纳整理、上门烹饪、家装美化等新兴工种,培育一批专业化的家政服务人才。②

四是以数字化助力家政服务从业人员技能水平提升。利用"互联网+"带来的便捷高效,推进家政技能培训数字化水平提升,加强家政服务从业人员数字化素养,共享优质培训机构、优质师资的技能培训成果。

五是创新家政技能培训思维。我国职业技能培训主要是针对农村剩余劳动力、城市下岗再就业人员、退役军人等开展的培训,不妨学习借鉴一下菲律宾、英国等国的成功经验,提高家政技能培训在家政教育中的地位和比重。对于家政专业毕业的大学生,也要开展相关的家政职业技能培训,取得相应证书方能入职。

(五) 加强家政专业知识教育,提高家政服务从业人员专业素养

在当前家政服务从业人员培训过程中,往往存在重视家政专业技能培训、轻视家政相关知识培训的情况。技能培训能够快速传授服务技能,但很难培养人的基本素养和文化素质。家政服务业是综合性、专业性很强的服务业,不仅需要专业技能,而且需要较高的文化水平和基本素养。

家政相关专业知识主要包括礼仪常识、安全常识、卫生常识和相关法律法规常识。其中,礼仪常识包括言谈举止、仪容仪表、社会交往礼仪和家庭人际关系等,安全常识包括安全服务常识、安全防护常识和安全救护常识,卫生常识包括膳食卫生常识、服务卫生常识、居家卫生常识和环境保护常识,相关法律法规常识主要包括《中华人民共和国民法通则》《中华人民共和国劳动法》《中华人民共和国劳动合同法》《中华人民共和国治安管理处罚法》《中华人民共和国消费者权益保护法》《中华人民共和国妇

---

① 《国家标准化管理委员会 民政部 商务部关于印发〈养老和家政服务标准化专项行动方案〉的通知》,https://www.gov.cn/zhengce/zhengceku/2023-02/08/content_5740634.htm。
② 《商务部等16部门关于印发〈2023年家政兴农行动工作方案〉的通知》,https://www.gov.cn/zhengce/zhengceku/202307/content_6891768.htm。

女儿童权益保护法》《中华人民共和国老年人权益保障法》《中华人民共和国社会保险法》等。

家政专业文化素养的学习能够有效提升家政服务从业人员的软实力，是家政服务从业人员的隐形素养。北京开放大学在实践中探索出的学历教育与非学历技能培训融合模式不失为一条有效路径。① 上海开放大学实施逆向思维，在实践中"把阿姨培养成大学生"的探索则是另外一种殊途同归的好做法。②

总之，不管是家政服务从业人员的职前培养还是职后培训，都应将专业知识学习和提升融入职业发展的全过程，这既是家政服务从业人员自我生存和发展的需要，也是一名真正的家政服务从业人员可持续发展的内在要求。

（编辑：高艳红）

Professional Attainment of Employees in Home Service Industry: Structural Dimensions and Training Strategies

YAN Wensheng

(Home Economics Research Center, Heze Home Economics Vocational College, Heze, Shandong 274300)

Abstract: To improve the professional attainment of the employees in home serviceindustry and promote the high-quality development of home service industry in China, scientific training methods are essential. Using Marxist

---

① 史红改、杨波：《高端家政服务市场需求调查报告》，《家庭服务》2018年第7期。
② 王一迪：《把保姆培养成大学生，上海首批家政学本科毕业》，《中国青年报》2023年7月20日。

dialectical materialism methodology, this study reconstructs the five structural dimensions of the professional attainment of home service practitioners. On the basis of a comprehensive analysis of the status quo of the professional attainment of home service practitioners, this paper puts forward five suggestions: implementing the project of meeting the basic requirements for employment, enhancing the sense of professional belonging, strengthening the education of professional ethics, strengthening the training of home service skills and strengthening the education of professional knowledge in home economics.

Keywords: Home Service Workers; Professional Attainment; Structural Dimension; Training Strategy

河北省家政服务员专业化发展现状及其培训优化体系研究[*]

王德强

(河北师范大学家政学院,石家庄 050024)

摘 要:本研究在调研数据的基础上,分析了家政服务员学历偏低、素质不高、年龄偏大、培训不系统、资格认定不规范以及知识技能型人才数量不足等问题。通过政策分析和家政实践对比,秉承"产出"导向,采用反向设计思路,以服务质量、客户满意度、客户忠诚度的提升为主旨,提出了基于客户满意度的专业化培训理念、基于工作特性与工作合理化视角的工作标准化设计,建构了提升家政服务员契合雇主的美好生活需要服务能力培训体系。这一体系突破了仅关注岗位工作技能的单一框架,将服务价值的清晰性、客户满意感的敏感性、服务质量改进的敏感性等素养纳入家政服务员的专业化素养,旨在调动家政服务员提升服务质量的主动性和积极性,达到主动性提质、专业化提质的目的。

关键词:家政服务员; 专业化发展; 工作标准化

作者简介:王德强,博士,河北师范大学家政学院副教授,硕士生导师,主要研究方向为家政学专业发展、儿童发展、家庭教育等。

2000 年 8 月,劳动和社会保障部将保姆这一职业正式定名为家政服务员,家政服务员职业已经历 20 余年的发展,群体规模逐年扩大,虽然增速有所放缓,但整体依旧处于连续上升的发展趋势。从市场需求上看,家政服务大众化趋势越发凸显,居民对家政服务质量的要求也不断提高,而家政服务行业的健康发展和服务质量的提升需要高素质、高技能的人才支撑。2013 年 11 月 27 日,习近平在山东省济南市外来务工人员综合服务中

---

[*] 本文为河北省人力资源社会保障研究课题一般项目"河北省家庭服务员专业化发展现状及其培训优化体系研究"(项目编号:JRS-2021-1195)成果。

心同从事家政服务的"阳光大姐"交流时指出,家政服务大有可为,要坚持诚信为本,提高职业化水平,做到与人方便、自己方便。2019年6月26日印发的《国务院办公厅关于促进家政服务业提质扩容的意见》,目的在于推动我国家政服务业快速发展,旨在解决行业存在的有效供给不足、行业发展不规范、群众满意度不高等问题。家政服务业的高质量发展离不开家政服务人才的专业化发展,因此研究家政服务员的专业化发展问题就成为家政行业发展的首要问题。

一 河北省家政服务员专业化发展现状

根据2020年河北师范大学家政学院针对河北省家政服务业现状进行的调查,河北省家政服务员群体主要存在文化程度偏低、年龄偏大、服务技能不足、缺乏长久的从业动机等问题。

第一,家政服务员学历偏低、综合素质不高是目前河北省家政服务行业存在的普遍现象。调查显示,河北省家政服务员为初中、小学及以下学历的比例达51.8%。石家庄市瑞特家园的魏先生想请一名住家育儿嫂,他的要求是"能读绘本故事、教唐诗,最好还能会英语"。但面对的现实是应聘者大多文化水平不高,仅能胜任孩子的饮食起居的照顾。由于家政服务员的学历偏低、素质不高,家政服务质量与客户需求存在很大差距。截至2020年,家政服务水平与人民日益增长的美好生活需要之间差距依然很大,客户往往用"找不到""不满意""不规范"来概括对家庭服务的看法。[1] 对雇主的调查发现,家政服务员素质不高,相当多的家政服务员不能主动实现雇主期望的服务价值(占到56.3%)。[2]

第二,从业人员呈现年轻化趋势,但仍以中老年妇女为主体,是河北省家政服务员队伍的另一个鲜明特点。2018年,参加河北省巾帼家政服务职业大赛决赛的家政服务员平均年龄为41.23岁,最小的为19岁。近年

---

[1] 熊筱燕:《家庭服务企业如何契合人民美好生活需要》,《家庭服务》2020年第4期。
[2] 吕敏:《聊城市家庭服务业从业人员素质提升对策研究》,硕士学位论文,陕西师范大学,2016。

来，家政服务员已从以45~60岁的中老年妇女群体为主转变为以30~50岁的中青年女性为主，但中老年群体占比仍然很大，根据2020年河北师范大学家政学院的调查，36~50岁的家政服务员占61.2%，50岁以上的家政服务员仍然占22.6%。

第三，家政服务员培训不系统、资格认定不规范。河北新闻网的报道显示：家政服务员的培训不系统、不规范，家政公司各自建立的标准不一，缺乏统一规范的资质认证。[①] 2016年，国家标准委员会出台的《家政服务母婴生活护理服务质量规范》中的评级标准在现实的市场中未被有效落实，家政公司、月嫂公司往往自行确定培训考核标准，甚至完全看客户需求"定级"。河北省家政服务行业的调查显示，48.4%的家政从业人员接受培训的时间少于15天。这种应对市场需求的"权宜之计"，非但不能满足消费者对服务质量的需求，而且必将损害刚发展起来的家政行业的可持续发展。

第四，高品质家政服务需求不断增长，需要培养出更大规模的知识技能型家政服务员群体。在从业人数上，一般家政服务员居多，如保洁（含做饭）、看护婴儿的家政服务员、照料老人的家政服务员和月嫂分别占32.66%、20.76%、17.47%和14.18%。而对知识技能要求较高的辅导小孩学习和照料病人较少。[②] 这些工作需要较为专业的知识和技能，其市场需求年增速最大，如表1所示。

表1 2013~2020年不同类型家政服务需求市场占比的同比增速

单位：百分点

类型	2013年	2014年	2015年	2016年	2017年	2018年	2019年	2020年
简单劳务型	16.6	17.0	16.8	22.7	24.6	24.5	17.2	17.2
知识技能型	31.9	29.6	29.3	36.1	28.5	29.2	25.8	25.8
专家管理型	25.0	13.3	17.6	20.0	20.8	24.1	17.0	17.0

资料来源：商务部。

---

① 《河北省家政服调查：家政服务行业乱象如何破？》，http://hebei.hebnews.cn/2021-09/27/content_8624572.htm。

② 王巍、赵大伟：《中国家政服务员的就业状况调查分析》，《中国人口·资源与环境》2012年第22期。

《国务院办公厅关于促进家政服务业提质扩容的意见》中明确提出，提高家政服务从业人员素质是促进家政服务业提质扩容、实现高质量发展的重点任务之一。从家政服务职位投诉来看，业务最好、投诉最少、管理最为规范的职位是月嫂。这与月嫂经过专业培训、能够满足雇主较高期望有着直接的关联。江苏省家政学会常务副会长、江苏省发展家庭服务业研究与培训基地主任熊筱燕教授着重强调，员工素质提升就是解决上述问题的重要环节之一。[①]

二 河北省家政服务员专业化培训优化的理论分析

人的质量是一切质量之根本。2013年11月24日至28日，习近平总书记在山东省济南市外来务工人员综合服务中心考察时指出，家政服务要坚持诚信为本，提高职业化水平。习近平总书记一针见血地指出了限制家政服务业健康发展的两大障碍：一是家政服务交易中的信任问题，二是家政服务的规范化问题。两大问题的破解，均离不开家政服务员的专业化建设。因此，建构专业化的河北省家政服务员培训体系，是解决上述家政行业发展问题的重要途径之一。从国际经验来看，加强对家政服务员职业发展需求的深层研究，建立科学的职业教育培训体系，才能建立保障中高端家政服务员供给的长效机制，这是促进家政服务业提质扩容的根本保障。

本文正是秉承"产出"导向，以反向设计思路从服务质量的"评价"端"客户满意度"出发做深层次的分析，以建构提升家政服务员契合雇主的美好生活需要的专业化培训优化体系。

（一）基于客户满意度的家政服务专业化培训理念

客户满意度是指客户接受产品或服务的实际感受与期望值比较的感知程度。自1965年美国学者Cardozo首次引入"客户满意"概念，学界逐渐形成了以"客户满意"为核心的全面评估标准。1990年，美国质量协会以

---

① 熊筱燕：《家庭服务企业如何契合人民美好生活需要》，《家庭服务》2020年第4期。

客户满意度理论为框架对美国客户满意度指数（ACSI）进行了研究，发现构成顾客满意度的影响因素包括客户期望、感知价值、质量感知、顾客满意、客户忠诚和客户抱怨6个维度。ACSI是目前世界上应用最广、认可度最高的客户满意度指数。参照ACSI，结合中国具体国情，中国学者霍映宝提出了中国客户满意度指数模型（CCSI），涵盖客户预期、质量感知、价值感知、客户满意、客户忠诚和形象6个结构变量。[1] 由此来看，在家政服务员的工作素养中，基于客户满意的工作素养提升需注重服务行为的目的性和计划性。

从以上分析来看，家政服务员的专业化培训应突破以往仅仅关注岗位工作技能的单一框架，涵盖针对客户预期、质量感知、价值感知、客户满意、客户忠诚和形象的服务效果的观照，涉及沟通、监督程序、标准化服务流程、服务评价与偏差补偿等一系列以提升客户满意度为目标的家政服务员素养培训内容，旨在促进家政服务员知识技能的科学化、专业化发展，为建构家政服务员专业化培训优化体系奠定基础。

（二）基于"人—工作匹配"的工作标准化设计

现代工作心理学倾向于从"人—工作匹配"的视角研究那些用来激励人的技术，以及技术的执行是否有效地提高了生产效率和客户满意度。今天，技术的革新代替了人类的部分劳动，创造出更高的生产效率，推动了社会的发展，但是也使生产中人和组织的因素变得更加重要。因为，智能化的服务体系和机器生产弱化了操作的技能，限制了角色的广度，却增大了工作的复杂性和压力。从智能化机器的设计上看，机器的工作效率只有在有效的工作设计情境下才能够真正凸显，所以技术的演进并不会必然降低人们工作所需的技能。同时，先进的新技术对组织成功的影响往往在他们能很好地适应工作个体的心理特征，促使工人形成积极的社会互动模式时才能有效。

创新改善与标准化是提升工作效率的两大驱动力。创新改善是使企业

---

[1] 霍映宝：《顾客满意度测评理论与应用研究》，东南大学出版社，2010，第25页。

管理水平不断提升的驱动力,而标准化则是防止企业工作效率下滑的制动力。标准化研究的核心问题是工作流程的标准化,所谓工作流程的标准化,就是在对工作进行系统分析的基础上,将工作的每一操作程序、操作动作进行分解,以科学规则、制度约束和有效经验为依据,以安全、质量、效益为目标,改善工作过程,从而形成一种优化工作程序,逐步达到安全、准确、高效、省力的工作效果。在工作流程固定后,工序的前后次序不能变更,否则就无法生产出预定品质的产品。因此,家政服务员必须严格地贯彻执行工作流程、工作方法、工作条件。标准化不仅是一种管理程序,也是把企业内的成员所积累的技术、经验保存下来的一种方法,可以使企业达到技术储备、效率提升、风险防范、教育训练的目的。

作业标准化也需要不断改善、反复修订,被称为精益程序。精益程序主要包括以下几个环节。

(1) 操作者的时间节拍的测量和变差原因的定义。

(2) 识别最好的操作模式。

(3) 标准化作业工序的更新。

(4) 系统、有效地实施。

(5) 生产效率和产品质量的监测与提升。

还需要注意的是,标准化的形式也是非常重要的方面。标准化原理要求,作业标准化应尽可能在可调控下系统地收集各种数据,以保证理论研究和实践改进能够建立在实证数据分析的基础之上。具体来讲,作业标准化研究往往涉及工作任务分析、工作设备设计,以及在工作流程中员工的生理和心理特征等方面的研究。

2016年的调查数据显示,陕西全省熟悉行业和标准要求、能够从事家政服务标准化培训的师资人员总数不超过30人,能够严格按照标准流程提供服务的家政服务员不足30%,能够基本按照标准流程提供服务的家政服务员不足70%。[①] 因此,家政服务业的专业化培训优化体系亟待建设与加强。

---

① 李伟、李鹏:《"标准化+家政服务"实践与思考》,《中国标准化》2016年第20期。

（三）基于家政服务工作特性与工作合理化视角的工作再设计

系统的工作特征的理论中，最具代表性和采用最多的是 Hackman & Oldham 所提出的工作特征模型。①

Hackman & Oldham 关注的是哪些工作特征影响着员工的关键心理状态。影响员工工作意义感知的是技能多样性、任务完整性和任务重要性；影响对工作结果的责任感的是工作的自主性。这些关键的影响因素对员工的心理状态、工作态度、工作行为、工作绩效会产生重要的影响。

根据工作特征模型进行工作设计，最直接的结果是使员工具有较高的工作满意度、高质量的工作绩效、高度的内部动机、低缺勤率和流动率。②对于内在激励程度比较高的员工来说，工作就成为一种享受。因此，工作特征对员工的工作满意度有着直接的影响，一般来说，对工作特征的认可度越高，员工的工作积极性也越高。③

一项综述了 200 项关于该模型效度研究的实验数据也表明，由于各种职位的工作形式和行业管理特征的不同，并非工作特征的各个维度都能有效作用于员工的内在动机的激发，只有与工作关联密切的特征，才会影响员工的工作满意度。④

重新设计工作，促进工作的合理化与工作特征分析密不可分。工作再设计中应将焦点放在关注员工关键心理状态的调控和关键行为意识的提升方面。关注关键工作行为提升的工作再设计的分析包含：

（1）了解和辨别关键的行为；

（2）找到关键行为的衡量指标；

（3）对关键行为进行功能性分析；

---

① J. R. Hackman & G. R. Oldham. Development of the Job Diagnostic Survey, *Journal of Applied Psychology*, 1975, 60: 161.

② 〔美〕斯蒂芬·P. 罗宾斯、蒂莫西·A. 贾奇：《组织行为学精要（原书第 12 版）》，郑晓明译，机械工业出版社，2014。

③ T. A. Judge, E. A. Locke & Durham. The Dispositional Causes of Job Satisfaction: A Core Evaluations Approach. *Research in Organizational Behavior*, 1977, 60: 151-188.

④ Y. Fried & Ferris. The Validity of the Job Characteristics Model: A Review and Meta-Analysis. *Personnel Psychology*, 1987, 40 (2): 287-322.

(4) 得出有效结论，设计提升策略。

关键行为代表着影响组织绩效的重要个体活动，这些活动以某种方式对工作过程进行友好互动。但我们需要注意的是，在关键行为分析中诸如"正确的态度"式的描述是不被接受的，我们必须辨别出代表这个"正确的态度"含义的行为是什么，只有具体的、可观察的行为才可能被分析和校正。所以，分析关键行为需要对关键行为进行观察记录，了解这些行为的展开状况，以及这些关键行为对工作效率的影响。这些测量能为我们提供一个非常客观的对关键行为功能的描述。

值得注意的是，工作合理化往往涉及简化工作流程，但工作简化往往会使工作任务过于单调、枯燥，进而导致较差的心理状态、消极的工作动机和较低的工作满意度。工作特征模型也提醒我们，实际上很多人对工作的满意度是来自技能的多样化、任务的可辨别性、任务的重要性、自主选择和判断、工作本身的价值、对工作表现提出的反馈等。因此，工作合理化从属于工作策略，而不是从属于工作—生活质量，工作合理化和工作再设计还需考虑新工作标准对工人的工作状态、动机、满意度等因素的影响。

三 河北省家政服务员专业化培训优化主题：服务践诺能力

家政服务员进入用户家庭，介入用户日常生活，其服务品质除受家政服务员知识、技能影响外，往往更多依赖于家政服务员的道德品质。特别是工作任务的长期性、工作对象的特殊性（老人不能自理、小孩依赖照顾者、打理私人生活空间等），使得"信任"成为双方友好互动的重要基础。目前，在家政服务交易中，存在信任缺失使交易无法实现或交易关系不能持续的现象，从而加剧了家政服务市场上的供求矛盾。[1]

有研究表明，顾客价值、服务践诺等因素会对消费者的信任产生重要的影响。顾客价值的创造可以通过规范化的服务提供。[2] 在家政服务交易

---

[1] 罗君丽：《我国家政服务交易中的信任危机探析》，《内蒙古财经学院学报》2007年第3期。
[2] R. Hollinger & J. Clark, Employee Deviance: A Response to the Perceived Quality of the Work Experience, *Work & Occupations*, 1982, 9 (1): 97-114.

中，决定服务无法践诺的主要因素是家政工作人员的工作偏差行为，主要是指员工违反组织关于工作质量与数量规定的行为，即生产成果的质量低、数量少。在家政服务行业，家政服务员的雇主实际上包含其所属的家政服务企业和服务对象，因此家政服务员的工作偏差行为不仅包括违反企业关于工作质量与数量有关规定的行为，也包括偏离服务对象所期望的服务品质的行为。因此，对企业管理者而言，不仅要减少员工服务的偏差行为，促使家政服务员不折不扣地践行服务承诺，取得消费者的信任；还应设法创造一种和谐的组织氛围以及采用相应的措施激励员工，以培育家政服务员对家政企业的忠诚度。

四 河北省家政服务从业人员服务践诺的培训优化体系

2021年10月20日，在国家发展改革委召开的例行新闻发布会上，国家发展改革委政研室副主任、新闻发言人孟玮透露，为促进家政服务业品牌化、规范化发展，国家发展改革委拟会同商务部等14部委联合印发《关于深化促进家政服务业提质扩容"领跑者"行动三年实施方案（2021—2023年）》，重点从三个方面推进家政服务业高质量发展。一是确定了32个"领跑者"行动重点推进城市，各地确定175个领跑企业、104个领跑社区、68个领跑学校，行业发展的"头雁效应"逐步显现。二是深化家政服务领域信用建设专项行动。实施《关于开展家政企业信用建设的行动方案》，开展家政企业公共信用综合评价，推进家政信息公示工作，督促有关家政企业开展信用修复，要求市场主体"说到做到"、服务"童叟无欺"，筑牢家政信用"护城河"。同时，还组织"诚信家政建设万里行"等主题宣传活动。三是深化开展家政培训提升行动。支持全国22个家政相关产教融合实训基地建设。2020年，全国新设家政相关专业点53个，目前全国共有122所院校开设了125个家政相关专业。覆盖职业全周期的家政服务培训体系逐步健全。

综上，基于"服务践诺能力提升"的家政服务员专业化培训优化内容（见图1），除包括家政服务员的一般素养（如对雇主家庭生活的适应能力、责任心、人格随和性、沟通能力、人际关系能力、一般问题解决能力、岗位工作胜任力、职业认同力等）培训外，还应包含对客户期望的感知能力、特定工作标准的熟悉性、服务价值理解的清晰性、服务质量改进的敏感性、客户满意感的敏感性等专业化素养的培训。

```
                    服务践诺能力提升
     ┌──────────┬──────────┬──────────┬──────────┐
  特定工作标准  客户满意感   服务质量改进  服务价值理解  客户期望的
   的熟悉性     的敏感性    的敏感性     的清晰性     感知能力
  家政服务标准  家政服务通用  常见工作偏差行为  服务价值的    服务质量的
  化工作流程   工作知识培训  分析与预防策略培训  清晰性培训   敏感性培训
     培训
```

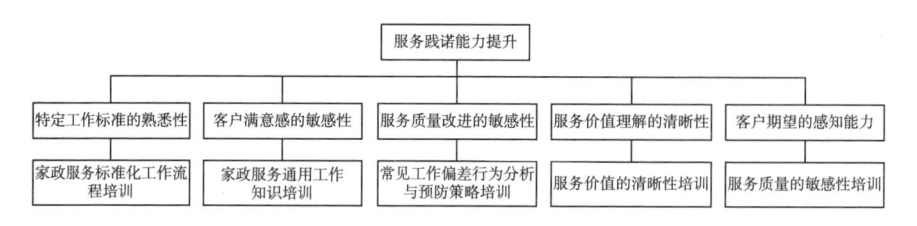

图1　基于"服务践诺能力提升"的家政服务员专业化培训优化体系

（一）家政服务标准化工作流程培训

对家政服务企业来说，建立标准化服务流程能高效率地避免家政服务员的工作行为偏差。利用工作分析和工作标准化工具包按不同服务岗位，确定每项服务工作的关键性环节，针对每一环节中可能出现的各种工作行为偏差，进行标准化的工作流程设置，并为雇主建立简单易学的可视化判断标准，可以降低工作行为偏差产生的概率。同时，还应在此基础上，针对这些可能出现的工作偏差，提出规范化的补救程序和补救方法。工作的标准化不仅规范了家政企业员工的工作行为，减少工作偏差，也以标准化的流程工作规避了由员工个人差异导致的服务质量的差异，对于提升家政企业的服务质量，培养顾客的消费忠诚度，并提升其满意度具有重要的意义。

（二）家政服务通用工作知识培训

知识共享是快速提高员工工作技能和专业素养的有效途径。从家政企业员工的工作性质来看，员工在工作期间进行直接交流有众多不便之处，因此家政企业需要建立通用工作知识信息库，员工可以通过学习和查询，获得解决问题的方法和工具。从知识管理的角度看，优秀员工的好方法、好工具和好工作技巧不仅可以通过该系统扩散到整个企业有权限的员工终端，让更多的员工使用，从而提高服务质量和服务效率，也是企业积累员工经验、建立企业员工培训实践性知识库的有效途径。企业家政服务通用工作知识信息库的建立，对于新入职或是技能较低的员工来说是非常重要的组织支持，可以有效减轻员工因工作量大、任务难度大而产生的工作压力。员工充分享有知识库信息，也会降低工作生疏或技能缺乏带来的挫败感。通过OA办公系统或移动互联终端来共享知识库，不仅可以实现分散工作状态下的员工关系集成、智力集成，也有利于形成模块式的专业团队，使员工产生情绪饱满的工作动力，建立起高度的责任感和信任感，也可大大降低员工的工作偏差。

（三）常见工作偏差行为分析与预防策略培训

家政企业为了提高对工作偏差行为的预防，还需要建立行为评估信息管理系统，定期评估家政服务员的工作方式及其绩效，及时分析出工作偏差的产出环节和主要的工作偏差行为集群。对家政服务关键环节的工作行为进行采集和留证，不仅是监督和保障家政服务员按照企业预期的工作规范完成服务提供的重要手段，也能够有效且及时地监控员工的行为偏差并对正在发生的行为偏差进行及时纠正，为建构家政服务员专业化培训优化体系和提升培训质量奠定基础。

（四）服务价值的清晰性培训

想提升服务工作质量不仅要有作用于服务差错发生之后的"救火式"反应系统，也要有服务差错出现之前的感知预警，也就是家政服务员对工作价值的感知清晰性，这是降低家政服务员工作差错的发生和避免对企业造成严重后果的最基础的保障机制。为了确保工作差错降至最低限度，一是服务人员要具备服务价值兑现的自我评价能力，确保监控工作行为的准确和到位情况，二是具有较强洞察力和沟通能力，能够及时发现客户的需求和服务工作中存在的潜在风险、即将面临的各种问题，为及时采取差错补救措施提供依据和思路。形成这样的意识，需要员工常对雇主的意见进行征询与评估，定期进行服务质量检查与检验，对典型服务案例经验进行分析与收集等。

（五）服务质量的敏感性培训

在家政服务进行中或是完成后，雇主会对服务进行评价，一旦提供服务的质量和水平与雇主的预期产生偏差，雇主就会投诉。员工只有将服务质量放在首位考虑，才能减少客户投诉，提高公司的形象和客户忠诚度。而且，雇主一旦出现抱怨或投诉，企业还需启动相应的调查和处理程序，激发偏差补救后的雇主二次评价模块等程序，这无疑也会增加公司的成本。因此，要消除雇主的不满意，家政服务员高度的服务质量敏感性是关键。服务过程中，家政服务员要认真检核雇主期望的服务价值、操作程序、操作规范等情况。只有家政服务员有丰富的业务知识、和蔼的性格、高超的沟通技能、高度责任心和良好职业道德、深邃的专业认知、富有感染力的共情能力、精深的业务诊断能力，才能及时有效地为雇主提供满意的服务。

五 河北省家政服务员专业化培训的方法

家政服务员在职培训的方法很多，每种方法各有优点与缺陷，在具体的工作中采用哪种方法，需要根据开发对象、职业种类和岗位的不同进行选择。

（一）在职培训法

在职培训法包括艺徒培训法、见习培训法、工作轮换法等，适用于家政服务新员工、见习员、服务推销员等的素养提升。非在职培训法包括演讲授课法、计划性指导、团队游戏或管理游戏、电影录像等视听材料法等。在职培训法是最常用的组织职业素养的提升方法，广泛适用于一般工作人员和各层级的管理者。在职培训法的优点是形式多样，很多培训形式可一次性完成大量员工的培训，具有较好的经济性特点。但在开展在职培训时，新员工没有工作经验，往往存在一定的操作风险。

（二）案例研讨法

案例研讨法适用于小群体范围的培训，学员通过对典型工作事例的特点和任务要求的讨论，来学习掌握工作内容和方法。案例研讨法的实施效果受指导师的个性特点和培训技巧的影响较大。案例研讨法适用于加深培训对象对学习内容的理解和改善工作态度等方面，也适用于管理人员解决问题的能力和决策能力的提升。这种方法要求培训对象先熟悉研讨问题，然后寻找适当的解决方法进行讨论。一般被选择研究的案例没有标准答案，便于学习小组充分研讨论证。案例研讨法通过口头讨论和书面作业来反馈和强化，费用较低，在家政服务员培训中被广泛使用。

（三）角色扮演法

角色扮演法比较适用于培训人际关系技能。此方法往往在一个模拟的真实情境中，由2名以上的学员相互作用，学员扮演不同的角色，并做出他们认为适合某一角色的行为，进而掌握必要的技能。学员扮演的角色是工作中经常碰到的人，例如上司、下属、客户、其他职能部门经理、同事等。角色扮演法可以使受训者有机会扮演他们在真实的工作情境中不曾承担的角色，让他们体会不同角色的人的真实想法和情绪，并学会理解不同岗位同事的情感、看法，增进受训者同情心、洞察力和理解力。由于角色扮演只能以小组的形式进行，因此培训的效率较低，费用较高。

（四）工作模拟法

工作模拟法是通过让培训者在模拟情境下完成一定的工作任务来训练，以提高其认识能力、决策能力和人际交往能力。这种方法常常用于需要进行大量信息加工的一般工作职位或是管理人员职业素养的提升。工作模拟与实际工作情境、任务越相似，其对受训者的训练效果就越好。

（五）敏感性训练法

敏感性训练法也是受训者改善人际敏感性的一种很流行的方法。敏感性训练是让受训者在远离工作场所的地方,在没有固定日程安排和讨论题目的情况下,由参训者谈论和解决此时此地出现的问题和情形。每个小组一般配备1名积极观察组员作为行为培训师,小组人数一般控制在12人以下。训练开始时,一般是讨论"现时、现地"的问题,由于目的不明确,小组在自行组织活动并尽力解决问题时,很容易出现分歧、困惑,随着分歧的不断出现,小组成员在互动时就容易显露情绪,从而可从中感受他人的态度和情感变化,提高情绪的敏感性、忍耐度、接纳度和自控度,也就学会了与别人相处与合作。敏感性训练法可以明显提高受训者人际关系技能,并能促进受训者成长与发展。

家政服务员专业化培训还需组织建立员工电子档案系统、信息管理平台,建设保障体系、实施过程体系,把员工的发展需求与培训过程密切联系起来,同时也会增强员工的组织忠诚感、归属感,强化心理契约,促进企业充分地利用现有的人力资源提高人力资源配置的合理性。

结　语

着眼于"服务践诺能力提升"建构的家政服务员专业化培训优化体系,突破了以往仅仅关注岗位工作技能的单一框架,为家政服务员提升客户满意度培训提供了科学化、专业化的参照标准,将为促进家政服务员职业的专业化发展提供理论支持。在学术观点上,将客户期望的感知能力、服务价值理解的清晰性、客户满意感的敏感性、特定工作标准的熟悉性、客户忠诚的建构能力、形象管理能力、服务质量改进的敏感性等素养纳入家政服务员的专业化素养,突破以往仅仅依赖家政服务员诚信、责任心的道德品质修养提升服务质量的被动提质机制,通过家政服务员的专业化培训优化提升有关客户满意度的服务主体性,才能够调动家政服务员提升服务质量的主动性和积极性,实现主动性提质、专业化提质。

(编辑:李敬儒)

Specialized Development of Domestic Helpers in Hebei Province: Status Quo and Training System

WANG Deqiang

(School of Home Economics, Hebei Normal University, Shijiazhuang, Hebei 050024)

Abstract: Based on a survey on domestic helpers in Hebei Province conducted by Hebei Normal University in 2020, this study analyzes the problems of domestic helpers, such as low educational attainment, low competency, agedness, unsystematic training, nonstandard qualification or certification, and shortage of those with sufficient knowledge and skills. Aiming at improving service quality, customer satisfaction and loyalty, through policy analysis and home service practice comparison, output-oriented and by way of reverse design, this paper puts forward the concept of specialized training based on customer satisfaction, standardized work design based on job characteristics and the rationalization of work, and constructs a training system to improve the service ability of domestic helpers to meet the needs of the employers for a better life. This system breaks out of the mode with job skills as the only focus, and incorporates into the professionalism of domestic helpers such elements as clear service value, sensitivity of customer satisfaction and sensitivity of service quality improvement, hence motivating domestic helpers to improve service quality.

Keywords: Domestic Helpers; Specialized Development; Work Standardization

现代家政服务与管理专业开展劳动教育的思考*

朱晓卓

(宁波卫生职业技术学院，浙江，宁波，315100)

摘　要：劳动教育作为职业教育人才培养的基本要求，要与专业特点有效融合。现代家政服务与管理专业立足家政行业、面向家庭培养高素质技术技能人才，开展劳动教育具有非常重要的现实价值。该专业劳动教育的实施必须充分将家庭劳动教育和职业劳动教育进行有效衔接，需要在培养要求、教学体系和保障机制等方面采取有效举措，确保人才培养质量，提高就业竞争力，达到家庭成人、工作成才的培养目标。

关键词：现代家政服务与管理专业；家庭劳动教育；职业劳动教育

作者简介：朱晓卓，宁波卫生职业技术学院健康服务与康养学院院长，宁波家政学院执行院长、现代家政服务与管理专业教研室主任，教授，主要研究方向为家政学。

习近平总书记指出要努力建构德智体美劳全面培养的教育体系，要弘扬劳动精神，通过教育引导学生崇尚劳动、尊重劳动，这也进一步明确了劳动教育在育人体系中的地位。职业教育在我国教育体系中占有十分重要的地位，要为国家输送能为社会发展做出贡献的高素质技能型人才，所培养的学生必须在自己的岗位上通过付出辛苦的劳动，才能为实现中华民族伟大复兴的中国梦添砖加瓦。因此，劳动教育是职业教育的根本，是职业教育人才培养的基本要求之一。在新时期推动高职院校开展劳动教育，要结合专业特点和人才培养定位，明确劳动教育的培养目标，依托校内外教

---

* 本文系浙江省高职教育"十四五"第一批教学改革项目"老年保健与管理专业群'康养护居'模块化课程体系的构建与实践研究"（项目编号：jg20230312）的阶段性研究成果。

育平台，建立完善合理的课程体系，要将劳动教育全面、全程、全方位融入专业人才培养过程中。家庭是社会最小的机体，劳动是家庭维持自我生存和自我发展的唯一手段，个人劳动是家庭劳动的基础，社会劳动是家庭劳动的延伸。现代家政服务与管理专业面向家庭，为家庭解决各类事务培养专业人才。人才培养和劳动教育有机结合，有助于提高人才培养质量，因此引入劳动教育对该专业建设具有较大的实践价值和现实意义。

一 劳动教育与职业教育

（一）劳动教育的概念

劳动是人类实践活动的一种特殊形式，多指创造物质财富和精神财富的活动。在《中国大百科全书（哲学卷）》中，劳动被定义为"是人类特有的基本的社会实践活动，也是人类通过有目的的活动改造自然对象并在这一活动中改造人自身的过程"。在经济学中，劳动则是指劳动力（含体力和脑力）的支出和使用。

劳动教育是以促进学生形成劳动价值观（确立正确的劳动观点、积极的劳动态度，热爱劳动和劳动人民等）和养成劳动素质（有一定劳动知识与技能，形成良好的劳动习惯等）为目的的教育活动。通过对现有文献的研究，我国学界已经将劳动教育主要视为德育的重要内容。[1] 例如《辞海》对劳动教育的定义是："劳动教育是德育的内容之一，对学生进行热爱劳动和劳动人民、珍惜劳动成果、树立正确的劳动观点和劳动态度、通过日常生活培养劳动习惯和技能的教育活动。"《中国大百科全书》的定义为："使学生树立正确的劳动观点和劳动态度，热爱劳动和劳动人民，养成劳动习惯的教育，是德育的内容之一。"这两个定义都将劳动教育视为德育的一部分，侧重培养正确的劳动观念和态度，使学生养成劳动习惯、学习劳动技能。不少学者还认为劳动教育的重要内容包括劳动的态度和价值观

---

[1] 檀传宝：《劳动教育的概念理解——如何认识劳动教育概念的基本内涵与基本特征》，《中国教育学刊》2019年第2期。

教育。例如徐长发认为："劳动教育是使青少年学生获得正确劳动观念、劳动习惯、劳动情感、劳动精神，了解和懂得生产技术知识，掌握生活和劳动技能，在劳动创造中追求幸福感的育人活动。它包括劳动思想观念的教育、劳动技术知识和劳动技能的教育。"[①] 檀传宝认为："应培育学生尊重劳动的价值观，培育受教育者对于劳动的内在热情与劳动创造的积极性等劳动素养。"[②]《教师百科辞典》的定义是："劳动教育就是向受教育者传播现代生产的基本知识和技能，培养他们具有正确的劳动观。"[③]

（二）劳动教育在职业教育中的地位

职业教育是我国教育体系中的一个重要类型，指对受教育者实施可从事某种职业或生产劳动所必需的职业知识、技能和职业道德的教育，包括职业学校教育和职业培训。职业教育的目的是满足个人的就业需求和工作岗位的客观需要，进而推动社会生产力的发展，加快国家产业结构的调整与转型。高职院校劳动教育建立在劳动基础之上，学生的学习要围绕职业开展，职业中的岗位就是一种劳动的要求，对高职学生开展职业教育就是劳动教育的有机组成部分。

二 现代家政服务与管理专业开展劳动教育的重要性

在现代家政服务与管理专业开展劳动教育，首先需要明确劳动教育在专业人才培养中的地位。根据专业定位，提炼出劳动教育的要求，谋求专业人才培养和劳动教育的有机融合，突出劳动教育的引领作用，为培养学生创新创业能力奠定基础，这就是现代家政服务与管理专业开展劳动教育的关键所在。

[①] 徐长发：《劳动教育是人生第一教育——对习近平总书记"以劳动托起中国梦"重要思想的学习体会》，《中国农村教育》2015年第10期。
[②] 檀传宝：《劳动教育论要：现实畸变与起点回归》，北京师范大学出版社，2020，第60页。
[③] 陈孝彬等主编《教师百科辞典》，社会科学文献出版社，1987，第317页。

（一）开展劳动教育有助于完善现代家政服务与管理专业的人才培养规格

根据教育部发布的现代家政服务与管理专业教学标准，本专业人才培养目标是培养理想信念坚定、德智体美劳全面发展、具有较好的职业素养和人文精神，以及创新创业能力，具备基本家政服务技能，能从事家政培训、家政基层管理、养老照护、母婴照护、家庭教育指导等方面能力的高素质技术技能人才。从人才培养规格角度，现代家政服务与管理专业面向的职业岗位也与家庭中照护家人等劳务活动密切相关。通过在校期间的劳动教育，助力实现教育立德树人的根本任务，促进学生人格健全发展，培养学生吃苦耐劳的精神，帮助学生树立"爱家庭、爱劳动、爱生活"的理念，也可以调动学生专业学习的积极性，将劳动能力培养作为人才培养的基础，促进学生形成职业岗位能力，培养学生创新创业能力，对于完善现代家政服务与管理专业的人才培养规格也有着积极作用。

（二）开展劳动教育有助于提高现代家政服务与管理专业学生的职业竞争力

现代家政服务与管理专业的就业岗位在家政服务企业，企业所开展的业务都是围绕家庭的各类劳务事宜进行的，例如家庭保洁、母婴照护、养老照护、病患照护等，通过劳动教育，可以帮助学生掌握家庭劳动的基本素养和技能，尽快适应工作环境。有助于学生今后在岗位上具备良好的职业精神，以正确的劳动观念促使形成创新创业理念，提高职业竞争力，通过努力奋斗在工作上实现创新；也有助于学生在家政创业过程中不畏艰辛、不惧困难、追逐梦想。

（三）开展劳动教育有助于现代家政服务与管理专业学生全面成才

在现代家政服务与管理专业中开展劳动教育，有助于培养学生关爱家人、热爱生活、帮助他人的家庭观、社会观和价值观，使学生不仅在职业岗位上成才，更在家庭生活中成人，将家庭生活和职业工作有机结合，融会贯通，促使其全面成人。

三 现代家政服务与管理专业开展劳动教育的思路原则

将劳动教育融入现代家政服务与管理专业人才培养全过程，需要确定构建思路，确立相应原则，指导构建劳动育人体系，将劳动教育有效地与课程教学内容结合，与岗位能力要求结合，与职业发展结合。在现代家政服务与管理专业构建的劳动教育育人体系中，要实现两维度贯通，即生活和岗位两者对劳动教育的要求贯通；实现两课堂联动，即校内课堂和校外实践基地的教学活动联动；实现两领域提升，即家庭生活追求和职业能力共同提升。通过有效的劳动教育，实现学生全面成才。

（一）生活和岗位实现两维度贯通的原则

现代家政服务与管理专业立足家政行业，面向家庭提供服务，这种服务是家庭服务职业化、专业化的一种体现，学生的就业能力就是需要为家庭提供高水准、专业化的服务，生活中的劳务能力与行业所提供的服务有着直接的关系。因此，现代家政服务与管理专业在构建劳动教育育人体系时，应将生活中的家务要求和今后家政行业就业岗位的职业要求贯通，开展劳动教育就是要围绕家务活动合理设计教学内容，把相应的服务项目与生活家务结合起来，让学生的劳动教育能落地、有实效。

（二）校内课堂和校外实践基地实现两课堂联动的原则

家政服务是一种社会化的服务，是将家庭中的各类家务活动交给社会化的家政企业。劳动教育必须立足家庭，同时也要考虑到社会化的要求，要在各种服务环境中将劳动教育的内容转化成家政服务的要求，同时也要满足学生家庭日常生活的需要。因此，现代家政服务与管理专业构建劳动教育育人体系，要实现校内课堂和校外实践基地两课堂联动，延伸实践锻炼的场所，充分考虑社会化的劳动教育和家庭化的劳务之间互通融合，实现校内教学和校外实践的融会贯通。

(三) 家庭生活追求和职业能力实现两领域提升的原则

对现代家政服务与管理专业的学生而言，通过在校的人才培养，从家庭角度要能承担起家庭发展的责任，家务处理能力就是学生能拥有幸福和谐家庭的基本保障，而社会化的家务处理能力是学生能做好家政职业岗位工作的基本保障，两者相互支持、相互促进。现代家政服务与管理专业构建劳动教育育人体系，既要兼顾家务能力培养，也要加强职业劳动能力训练，想让学生生活好、工作好，就要通过促使家庭和职业这两个领域都有所提升，确保学生的家庭生活追求和职业能力同步提高。

四 现代家政服务与管理专业开展劳动教育的具体路径

现代家政服务与管理专业开展劳动教育需要采取有效举措，明确培养要求，建立教学体系，形成保障机制，确保劳动教育全面融入人才培养方案，提高人才培养成效。

(一) 明确现代家政服务与管理专业劳动教育的培养要求

根据家庭幸福生活和职业岗位能力两个角度，打通融合生活和职业之间的劳动素质目标，并融入本专业的岗位胜任力要求，将劳动素质和劳动能力有效、合理、科学地并入人才培养规划，由此确定家政服务专业学生劳动教育的基本标准，明确劳动教育的培养目标，为专业劳动教育育人体系构建提供方向指引和目标定位，将劳动教育渗透到学生的日常学习中，培养学生树立正确的劳动观念，重点把劳动意识能力培养作为课程学习的重要目标，把劳动精神情况作为相关课程的考核要点。

(二) 建立现代家政服务与管理专业学生劳动素质和技能培养的教学体系

现代家政服务与管理专业是针对家庭服务的高职教育，既要满足学生日常家庭生活的基本需要，也要满足职业岗位能力要求，要实现两者的融会贯通,课程是保障人才教育质量的核心。因此,在人才培养目标的基础上,要彰显教学的劳动教育元素,形成家政服务专业课程结构,合理围绕体现专业特点的劳动素质要求规划教学内容等,并融入或设置相应的课程,为构建基于本专业生活和职业发展需要的劳动教育育人体系奠定基础。根据专业特点可以将现代家政服务与管理专业劳动教育的内容分为基础性家务劳动、职业性劳动和创造性劳动,基础性家务劳动主要立足家庭日常生活需要,教学内容包括衣物熨烫、居家保洁、居室美化、物品收纳、餐饮制作等;职业性劳动主要为更具专业化特征的家政行业服务项目,如母婴照护、养老照护、病患陪护、营养配餐等;创造性劳动主要是创新创业能力的培养。三方面内容相互融合,逐步提升。

(三) 构建现代家政服务与管理专业开展劳动教育的保障机制

首先,在现代家政服务与管理专业人才培养方案中加入劳动教育的内容,适当赋予学分,进行多样化考核。其次,教师要做出劳动表率,精心备课,注重言行,向学生传递职业精神。再次,建立校内外教学资源协同保障机制,依托校内课堂和校外实践基地,实现教学内容从理论到实践的延伸,实现教学场地从校内到家庭、社区的扩展,实现教学师资校内外的有效融合,实现教学方法从单纯授课到学中做、做中学的改变,将教学目标从劳动技能学习拓展到劳动素质培养。最后,完善相关的学分培养要求和评价体系,通过人才培养方案明确本专业学生劳动素质教育的基本要求,以及劳动素质教育在人才培养方案中的地位。

五 小结

就现代家政服务与管理专业学生的培养规划而言,劳动素质和家庭劳动技能是职业发展的基础,社会化的劳动技能是职业岗位的能力要求,两者互通互融、贯通统一,劳动教育既要求理论和实践的对接,也要实现家庭生活和岗位发展的对接,要充分利用课堂教学和校外实践的资源,从生活技能延伸至服务技能,完善人才培养的岗位胜任力要求,以"劳"的教育为基础实现学生德智体美劳全面发展，为行业培养高素质高技能的专业人才，为家庭培养爱生活、能幸福的家务能手，由此提高本专业的专业形象，提升学生适应社会、家庭发展需要的能力。

（编辑：李敬儒）

Thought on Developing Labor Education in Modern Home Economics Service and Management Programs

ZHU Xiaozhuo

（Ningbo College of Health Sciences, Ningbo, Zhejiang 315100）

Abstract: As the basic requirement of vocational education, labor education should be integrated into the characteristics of the relevant programs. Based on home service industry, modern Home Economics Service and Management Programs cultivate family-oriented high-quality technical skill personnel. Therefore, it is of great practical value for them to carry out labor education. To carry out labor education in these programs, we must assure effective convergence of home service education and vocational labor education. Effective measures should be taken in the training requirements, teaching system and guarantee mechanism to ensure the quality of personnel training and improve employment competitiveness.

Keywords: Modern Home Economics Service and Management Programs; Home Service Education; Vocational Labor Education

• 家政史研究 •

《袁氏世范》中的"人性论"家政思想

王婧娴

（河北师范大学家政学院，河北石家庄 050024）

摘　要：宋人袁采的《袁氏世范》是宋代的一部重要家训著作，其中包含了宝贵的家政思想资源，可供现代家政学借鉴。而《袁氏世范》中的家政理念，又以"人性"为一切立论的出发点。袁采的"人性论"主要涵盖了三个方面的内容，一是在家庭人际关系的处理上承认人的"自然性"，不同的家庭成员各自具有独立的天性禀赋，故在处理家庭事务上，不可强求所有成员一致；二是在家族子弟的教育上指出人具备可"教化性"，家庭教育应以培养忠、信、笃、敬的君子为最终目标；三是承认"人性"是"天理"的一部分，强调治家的前提是修身，而修身的关键则是克制人性中的欲望，复归于自然天理的本心。这三个方面共同构成了《袁氏世范》的家政思想体系。

关键词：《袁氏世范》；人性论；家政思想

作者简介：王婧娴，文学博士，河北师范大学家政学院讲师，主要研究方向为家族文化、家政学。

引　言

自唐朝中后期以来，门阀制度逐渐消亡，世家大族也随之退出了历史舞台。从宋代开始，以科举仕宦为基础的文官家庭开始成为社会发展的主导力量。由于这些家庭的家主大多为知识分子，因此他们普遍重视家庭教育以及家门、家风的传承，遂形成了宋人喜好作家训的社会风气。在诸多宋人家训中，《袁氏世范》是一部十分重要的著作。《四库全书提要》在评价这部书时，给予了其高度评价，称它为"《颜氏家训》之亚"①，可见该书对后世产生的巨大影响力。《袁氏世范》的作者袁采，为当时的一位普通官员，其行迹如今已不可考，但他的这部家训成为流传千年之久的经典读物。自《袁氏世范》撰成以来，便成为私塾讲习的必备书籍，历朝历代的士大夫都用它训导童蒙、教化子弟。不少士人也从中汲取了治家的理念以及方法，达到了齐整人伦、梳理家政的目的。

《袁氏世范》共有三卷，分别为"睦亲""处己""治家"。其中"睦亲"篇的主要内容为分析各种家庭人际关系的处理，"处己"篇讲述了修身、处事、子弟交游之道，"治家"篇则涉及各类家务处理事项的原则以及方法。从表面上看来，这部家训的内容较为庞杂烦琐。但事实上，袁采在建构家政理论的过程中，始终贯彻着自己的"人性论"理念。他从人性、人心的角度出发进行家庭事务的认知，从而形成了自己独特的家政实践方法。本文的主要目的便是分析《袁氏世范》中的"人性论"思想，探讨其中的伦理道德价值。

一 承认人的自然性：《袁氏世范》处理家庭关系的基础

中国古代的家庭形态与今天大不相同，在当代的家庭结构中，三口之家是最为常见的家庭模式。一般来说，三口之家由父母及其子女组成，其代际层数较低。据全国近三次人口普查的数据，目前一人户、二人户的比例显著升高，至2020年，中国一人户与二人户合计占所有户型总量的55.07%，已经超过了三人户（20.99%）。这意味着有大量独居或夫妻共同居住而无子现象的出现，也意味着中国家庭规模的进一步缩小。但是在古代的家庭结构中，四世同堂甚至五世同堂并不鲜见。相比于当今的小家庭模式，宗族聚居是古代家庭的一个重要特征。在一个杂居而处的大宗族内，至少包括祖、父、子三代人，而在富贵之家或官宦之家中，还会有大量的仆役存在。因此，传统宗族聚居拥有更高的家庭代际数，其人际关系的处理也就更为复杂困难。古人谓"家事、国事、天下事，事事关心"，

---

① （清）永瑢等撰《四库全书总目》，中华书局，1965，第780页。

强调"家""国""天下"的同构性。从某种程度上来说，处理一个大宗族内的人际关系以及诸多事务，便类似于在治理小型国家。

在这样的背景下，如何妥善调和宗族内部的矛盾便成为古人的重要议题之一。《袁氏世范》在这个问题的认知上，始终从"人性"的角度出发，全面论述了家庭人际关系处理的原则。袁采承认人天生具有不同的性格特征，所以各个成员在日常的家庭相处中难免会发生矛盾。"盖人之性，或宽缓，或褊急，或刚暴，或柔懦，或严重，或轻薄，或持检，或放纵，或喜闲静，或喜纷拏，或所见者小，或所见者大，所禀自是不同。"① 在这里，《袁氏世范》指出每个人的天性都是与生俱来的，有的人性情宽缓，有的人性情急躁，有的人谨严持重，有的人则轻薄放浪，等等。所以，不同性情的人对于世界的认知也有较大的差异，在处理问题的时候也就存在分歧。袁采又谓"朝夕群居，不能无相失"，就是说各个家庭成员在日常生活中不可能不产生大大小小的矛盾，即便至亲之间彼此血脉相连，但人的脾气秉性是天生自然所致，不会因为血缘关系的联结而被改变。故而《袁氏世范》实际上阐明了家庭矛盾存在的必然性，这种矛盾的根源正来自人性的先天差异。

在承认家庭矛盾不可避免的基础上，袁采又从人性论的角度提出了处理家庭人际关系应以宽容、理解为基本原则。他指出："父必欲子之性合于己，子之性未必然；兄必欲弟之性合于己，弟之性未必然。其性不可得而合，则其言行亦不可得而合。此父子兄弟不和之根源也。"②《袁氏世范》的这段议论认为，父子兄弟不和的根源在于长者想要将自己的意志强加于幼者之上。父亲与兄长往往在家庭当中具有更高的地位，如果他们强行令子、弟的行为处事符合自己的意愿，便势必会造成争端。"况凡临事之际，一以为是，一以为非，一以为当先，一以为当后，一以为宜急，一以为宜缓，其不齐如此，若互欲同于己，必致于争论，争论不胜，至于再三，至于十数，则不和之情自兹而启，或至于终身失欢。"③ 由于父子兄弟的天性

---

① （宋）袁采著，刘云军校注《袁氏世范》，商务印书馆，2017，第7页。
② （宋）袁采著，刘云军校注《袁氏世范》，商务印书馆，2017，第7~8页。
③ （宋）袁采著，刘云军校注《袁氏世范》，商务印书馆，2017，第8页。

不同，所以在每一个问题的处理上都有各自的见解。见解不齐，便会使父子兄弟之间产生争论，以致"终身失欢"。而要解决这一矛盾，最为重要的就是不可强求所有家庭成员的性格一致。"若悉悟此理，为父兄者通情于子弟，而不责子弟之同于己；为子弟者仰承于父兄，而不望父兄惟己之听，则处事之际，必相和协，无乖争之患。"[1] 倘使父兄通情于子弟，做到设身处地地换位思考，子弟也能够理解父兄的难处，不强求其满足自己所需，那么这个家庭便"必相和协"，不会产生无谓的争执。

《袁氏世范》还强调人性本然皆具有私心，故要想使家庭和睦，便要克制自己的私欲，凭借公心处理家政事务。"同母之子，而长者或为父母所憎，幼者或为父母所爱，此理殆不可晓。"[2] 在此处，袁采指出父母普遍具有偏爱幼子的现象，而世人却皆不晓其中缘由。他认为，父母溺爱自己的幼子，乃出于人之常情："盖人生一二岁，举动、笑语自得人怜，虽他人犹爱之，况父母乎？……方其长者可恶之时，正值幼者可爱之日，父母移其爱长者之心而更爱幼者，其憎爱之心，从此而分，遂成迤逦。最幼者当可恶之时，下无可爱之者，父母爱无所移，遂终爱之，其势或如此。"[3] 在上述这段议论中，袁采从人性的视角分析了为何幼子会得到父母更多的关心与爱护。当小儿一二岁时，其行为举止最为可爱，他人见之，亦生欢喜。随着年龄的增长，儿童渐至为少年，其叛逆之心渐张，可爱之气却较之前有所减少，此时父母便会对他产生一定程度上的厌恶心理。然而当年长的孩子进入少年时，年幼的孩子仍然处于憨态可掬的童年期，两相比较，父母自然会将爱意更多地偏向于幼子，这实际上是源于人性中的本然之情。在揭示这一道理后，《袁氏世范》认为如果想使一个家庭不至于败亡，那么子女便要做到"当知父母爱之所在"[4]。年长之子应当谦让于幼子，幼子则不能自恃父母之偏爱而生出骄纵之心。同时，父母也应该将自己对于幼子的过度宠爱部分转移到长子身上，克制自己的私人情感。所谓

---

[1] （宋）袁采著，刘云军校注《袁氏世范》，商务印书馆，2017，第8页。
[2] （宋）袁采著，刘云军校注《袁氏世范》，商务印书馆，2017，第23页。
[3] （宋）袁采著，刘云军校注《袁氏世范》，商务印书馆，2017，第23页。
[4] （宋）袁采著，刘云军校注《袁氏世范》，商务印书馆，2017，第23页。

"人有数子，饮食、衣服之爱不可不均一；长幼尊卑之分，不可不严谨；贤否是非之迹，不可不分别"①。纵然父母之天性偏爱年幼之子，也应怀有"均一"之心以明确长幼尊卑的次序，如此才能在家政事务的处理上做到相对公平，保持家庭关系的和谐稳定。

总而言之，《袁氏世范》在家庭人际关系的议论中，将人心、人性作为一切理论的出发点。由于人性的天然差异，家庭中的矛盾不可避免，治家不可能从根本上消除这些矛盾，只能在承认矛盾的基础上尽量设身处地地理解他人。基于此，袁采的治家理念以宽忍为根本原则，以"通情"作为具体的方法论，强调各个家庭成员要在尊重他人本性的前提下，克制自己人性中的缺陷，以达到维持家庭关系和谐稳定的目的。

二 人的可教化性：《袁氏世范》的家庭教育理念

现代人本主义心理学家马斯洛、罗杰斯等人认为，人的本质是一个自然实体，人的本性则是其自然性。而学习与教育就是一个人从自然实体向社会实体转变的过程。无独有偶，袁采在《袁氏世范》中的家庭教育理论，与现当代的人本主义教育思想存在相似之处。前文已经论述过，袁采以承认人的自然本性为处理家庭人际关系的基础。而在家族子弟的教育问题上，袁氏则认为人性本善，但后天的经历会致使人忘却从前的本心，加大人性中"恶"的部分。家庭教育的目标便是压制人性中的欲望，从而培养出忠、信、笃、诚兼备的君子。

在中国传统的教育思想中，性恶论是一个极为重要的理念。荀子便指出"生之所以然者谓之性。性之和所生，精合感应，不事而自然谓之性。性之好、恶、喜、怒、哀、乐谓之情"②，他认为喜怒哀乐等种种情绪的生发是人天性使然，每个人的本性之中都存在"恶"的一面，要去除人性之恶，便需要依靠后天的道德与教化。与性恶论所主张的人性本来存在种种

---

① （宋）袁采著，刘云军校注《袁氏世范》，商务印书馆，2017，第21页。
② 楼宇烈主撰《荀子新注》，中华书局，2018，第446页。

缺陷，需要靠后天的教化弥补不同的是，《袁氏世范》的教育观念以性善论为主，其中说道："人之有子，须使有业。贫贱而有业，则不至于饥寒；富贵而有业，则不至于为非。凡富贵之子弟，耽酒色，好博弈，异衣服，饰舆马，与群小为伍以至破家者，非其本心之不肖，由无业以度日，遂起为非之心。"① 袁采认为，凡富贵子弟有沉湎于酒色、好于玩乐者，并非其本心"不肖"，而是其无业所致。袁氏本身作为士人官宦家庭，拥有一定的财产积蓄与社会声望，作为一家之主的袁采，自然十分关注家族子弟的教育情况。他在《袁氏世范》中多次提到了"破家"之论，强调即使一个家族已经具备了雄厚的实力，也会因种种突发事件以及后世子孙的顽劣行径而招致败亡的厄运。在上述的这段议论中，袁采将子孙的"不肖"归结为外部不良因素的浸染，他提出了"有业"的重要性，认为如果家族子弟没有自己从事的行业，那么便会被外界的"群小"所影响，最终沾染一系列陋习。

袁采的性善论与孟子所谓"人性之善也，犹水之就下也。人无有不善，水无有不下"②的观点还有一定的区别，后者强调善是人性的本源，人性求善亦如水之就下。而求善的方法，便是要求人们加强内心的道德修养，以自蓄其德。袁采虽然也承认人性本善，却更加重视外部"有业"的重要性。他认为，人性之善必定要通过其所完成的事业体现，如若不然，人性之中的善便会转化为恶。所以，袁采虽然主张性善论，但同时也强调后天教化以使子孙"有业"的重要性。《袁氏世范》所论的"有业"，主要是指修习儒家经典。"士大夫之子弟，苟无世禄可守，无常产可依，而欲为仰事俯育之计，莫如为儒。其才质之美，能习进士业者，上可以取科第，致富贵，次可以开门教授，以受束修之奉。其不能习进士业者，上可以事笔札，代笺简之役，次可以习点读，为童蒙之师。"③ 随着宋代科举制度的完善，不少平民通过科举这条道路改变了自己及家族的命运。同时，宋代官方也鼓励民间士子修习儒业以便日后为朝廷效力，遂形成了有宋一代的读书风气。袁采作为士大夫阶层的代表，其家庭教育理念亦以儒业为

---

① （宋）袁采著，刘云军校注《袁氏世范》，商务印书馆，2017，第18～19页。
② （汉）赵歧注，（宋）孙奭疏《十三经注疏·孟子注疏》，北京大学出版社，2000，第347页。
③ （宋）袁采著，刘云军校注《袁氏世范》，商务印书馆，2017，第102～103页。

先。他认为如果士大夫的子弟不能依靠家族资产生存，便不如潜心修儒以博取功名。即或不能取科第致终身富贵，也能够凭借自身的文化素养从事校笺、私塾等工作。袁采虽然注重教习家族子弟的儒家知识，却并不要求子弟只能科举取士一途，"如不能为儒，则巫医、僧道、农圃、商贾、伎术，凡可以养生而不至于辱先者皆可为也"①。他认为，凡是可以让自己有收入来源、不辱没祖先的职业都可以从事。唐代文学家韩愈在《师说》中写道："巫、医、乐师、百工之人，君子鄙之。"② 作为掌握文化的知识精英，古代的士大夫以"君子"自诩，一般看不起"百工"之人。袁采同样将儒业放在了家庭教育的首要位置，但他也不反对子孙从事诸如医术、星象占卜、商贾等职业。究其根本，还是由于在袁采的教育理念中，人的天性生来不一，所以每个人的天赋以及所擅长的领域也就不尽相同。

因此，袁氏之家庭教育并非以功利化的科举为官为依归，而是以培养子女的健全人格、补其天性所短为目标。《袁氏世范》写道："人之德性出于天资者，各有所偏。君子知其有所偏，故以其所习为而补之，则为全德之人。常人不自知其偏，以其所偏而直情径行，故多失。"③ 在这里，袁采主要想表达两层意思。第一，人的德性出于天资，每个人都有自己的长处与短板。第二，"君子"与"常人"的区别在于前者知道人性有所偏重，故能够有意识地通过后天学习弥补自身天性的不足，而后者只是任凭天性做事，故言语和行为多有失当之处。为了进一步论证观点，袁采将人的性情细化为"天资"与"习为"两大部分："所谓宽、柔、愿、乱、扰、直、简、刚、强者，天资也；所谓栗、立、恭、敬、毅、温、廉、塞、义者，习为也。"④ 袁采在此列出的宽、柔、刚等都是人的先天性格特征，它们出于人的天资，不可通过后天的学习教化加以改变；而立、恭、敬等则是人的后天习性，它们能够通过教育等方式为人所获得。圣贤之所以为圣

---

① （宋）袁采著，刘云军校注《袁氏世范》，商务印书馆，2017，第103页。
② （唐）韩愈著，魏仲举集注，郝润华、王东峰整理《五百家注韩昌黎集》，中华书局，2019，第711页。
③ （宋）袁采著，刘云军校注《袁氏世范》，商务印书馆，2017，第69~70页。
④ （宋）袁采著，刘云军校注《袁氏世范》，商务印书馆，2017，第70页。

贤，在于其知晓自身先天的不足，并努力在后天学习的过程中加以补缺。所以，袁采虽然也极为重视家族子弟科考功名一事，却并不将此视为读书的唯一功用，他更加注重的是读书学习的"无用之用"。"大抵富贵之家教子弟读书，固欲其取科第，及深究圣贤言行之精微。然命有穷达，性有昏明，不可责其必到，尤不可因其不到而使之废学。盖子弟知书，自有所谓无用之用者存焉。"① 所谓"无用之用"，指的是修习学业可能不会立即产生现实利益，但是学习之人能够在阅读书籍、汲取知识的过程中不断提升自身素养，于无形之中慢慢补足自身性格的缺陷。在当时的社会大环境下，士大夫阶层大都期望家族子弟考取功名以光宗耀祖，故将读书视为俯拾青紫的利途之道。袁采自然也希望家族子弟最终走向科举取士之路，但这仅是一种谋生的手段，而非人生的目的。"言忠信，行笃敬，乃圣人教人取重于乡曲之术"②，作为一名士大夫，其终极追求应是成为"圣人"，至少也应该成为拥有较高道德素养的"君子"。故在《袁氏世范》的家庭教育理论中，祛除人性中的不良一面，培养子弟拥有忠、信、敬、笃的健全人格乃是核心要义。

三 人性即天理：《袁氏世范》家政思想的内核

宋朝是理学昌明的时代，袁采亦是理学之拥趸。从《袁氏世范》中透露的治家以及教育观念来看，袁采属于陆王心学一派，其思想主张的基础是"心即理也"。袁氏认为，人性是天理的一部分，天理不可得见，人性作为天理的内在形式，能够反映出天道运行的某种规律。故若想洞察主宰世间万物的天理，唯一的途径便是"修身"，意即通过不断地自我反思提高个人修养，最终复归"致良知"的本心。袁采将这一理论体系运用到治家当中，便形成了独特的家政方法论。首先，由自然人性通达天理需要一个过程，这个过程的实质是将人内心自在的伦理道德逐渐外放，层层扩

---

① （宋）袁采著，刘云军校注《袁氏世范》，北京：商务印书馆，2017，第19~20页。
② （宋）袁采著，刘云军校注《袁氏世范》，北京：商务印书馆，2017，第72页。

延,由"内圣"进至于"外王",古人所谓的修身、齐家、治国、平天下其实就是这个过程的具体表现形式。所以,"齐家"亦需要以"修身"为基础,处理家政的关键,不在于外部手段的高明与否,而在于家主是否自身能够按照圣人的标准行事。其次,天理无常、世事多变,此本是自然界的寻常之事。人性既然是天理的一部分,那么便无法超越天理而存在。因此,袁采认为富贵穷通自有命数,不可强求。家族中人如果能明白智术不胜天理,以平和心态处理家政,则必能减少家庭成员内部的争讼之心。

"飞禽走兽之与人,形性虽殊,而喜聚恶散,贪生畏死,其情则与人同。"① 此处,《袁氏世范》将人的情性与动物的情性做了对比,指出"人"与"物"虽然在外部的形态方面有所差别,但是其"喜聚恶散,贪生畏死"的情性是一致的。这其实是承认了人与动物在自然性上本无区分,两者都是天理的具体表现形式。《袁氏世范》作此讨论,是为了引出接下来的观点:"故离群则向人悲鸣,临庖则向人哀号。为人者既忍而不之顾,反怒其鸣号者有矣。胡不反己以思之?物之有望于人,犹人有望于天也。"② 袁采指出,动物在脱离群体后便向人发出悲鸣,乞求人类的帮助,它们面临宰杀时则会向庖厨哀号以示无辜。而人类见此情景,常常讥笑其贪生畏死,殊不知当人类自己面临危险时,也会像这些动物般祈祷上天的庇佑。如果动物向人哀求而人类不加怜恤,那么当人类向上天求助时,天道亦不会对其加以眷顾。因此,当人类看到动物面临危难时的窘境时,便需要时刻反省自己平日的所作所为,修身诚意,避免自己陷入同样的绝境中。《袁氏世范》在这里强调的与《论语》所说有异曲同工之处。《论语·卫灵公》中说:"躬自厚,而薄责于人,则远怨矣。"③ 意思是为人处世需对自己严格要求,不断剔砺自身以求进步,而对于他人则应采取宽容的态度。家政治理的本质是协调人与人之间的关系,而能否令家族众人信服,还是在于家主是否具备高尚的道德情操。袁采一再强调修身反思的重要意义,既是为了时刻提醒自己以圣人的标准处事,也是为了告诫子

---

① (宋)袁采著,刘云军校注《袁氏世范》,商务印书馆,2017,第141页。
② (宋)袁采著,刘云军校注《袁氏世范》,商务印书馆,2017,第141页。
③ (魏)何晏注,(宋)邢昺疏《十三经注疏·论语注疏》,北京大学出版社,2000,第242页。

孙只有加强自我修养，才能保持家庭的和睦。

在《袁氏世范》呈现的家政理念中，"身教"的作用大于"言传"。一个家庭若想实现长久繁盛，必须通过家主个人的道德素质为后世子孙提供示范效应。所谓"忠、信、笃、敬，先存其在己者，然后望其在人者。如在己者未尽，而以责人，人亦以此责我矣"①，要想培养出忠、信、笃、敬的君子，首先自己要具备这些素养，然后才可以此要求家族中的子弟。倘若自己的言行尚不谨信，便无法在族中树立威望，也就无法要求他人弥补自身缺陷。为了进一步增强说服力，袁采举出了现实家庭关系相处中的实例：

> 人有数子，无所不爱，而于兄弟则相视如仇仇，往往其子因父之意，遂不礼于伯父、叔父者。殊不知己之兄弟即父之诸子，己之诸子即他日之兄弟。我于兄弟不和，则己之诸子更相视效，能禁其不乖戾否？子不礼于伯叔父，则不孝于父，亦其渐也。故欲吾之诸子和同，须以吾之处兄弟者示之。欲吾子孝于己，须以其善事伯叔父者先之。②

人们对自己的子嗣往往疼爱有加，对兄弟却视若仇敌。父亲的态度导致子女往往不礼敬自己的伯父、叔父，以至于家族亲戚之间关系的紧张，这其实就是当时社会中普遍存在的一种现象。袁采大力批判此种风袭，他认为如果亲生兄弟之间都不能做到和睦相处，那么其子辈便会争相效仿这类行径，他们日后也会走上相互攻讦的道路，对于自己的伯父、叔父，也会以傲慢待之。如果他们对待自己的兄弟以及长辈尚且缺乏礼教，又如何以诚恳的孝心对待亲生父母呢？所以，想要让"诸子和同"，首先要保证自己和诸兄弟之间保持良好的关系；想要让子嗣孝敬自己，便要教导其礼敬其他亲长。

除了强调"修身"对于治家的重要性外，《袁氏世范》中还有大量关于天理无常的阐释。袁采论此并不是为了鼓吹宿命论，而是试图借此说明

---

① （宋）袁采著，刘云军校注《袁氏世范》，商务印书馆，2017，第73页。
② （宋）袁采著，刘云军校注《袁氏世范》，商务印书馆，2017，第33页。

保持平和心态对于家政处理的意义。"世事多更变,乃天理如此"①,天理既不恒定,则人事亦多有变化,家族之盛衰,子弟之贵贱,归根到底皆是天命所致,非人力可以改变。但是,袁采认为世人多不晓个中之理,"往往见目前稍稍乐盛,以为此生无足虑"②,只看得到眼前的繁华,并不思虑身后之事。而人一旦无远识,则"凡见他人兴进及有如意事则怀妒,见他人衰退及有不如意事则讥笑"③,即便是同宗同脉的血亲,也不能免此俗理,家庭当中的争讼也往往由此兴起。所以,袁采告诫自己的家人,富贵穷达自有定数,不需过分追求,从而为名利所困。"富贵自有定分。造物者既设为一定之分,又设为不测之机,役使天下之人,朝夕奔趋,老死而不觉。不如是,则人生天地间全然无事,而造化之术穷矣。然奔趋而得者,不过一二;奔趋而不得者,盖千万人。"④ 他认为,世间奔趋富贵者,皆是自身欲望所致,然而能够通达于富贵者,不过寥寥数人,大多数人皆是求之不得的。正是由于求之不得,所以才难免心生怨妒,从而加剧自己的欲望。倘若人人皆能知晓"死生贫富,生来注定"⑤ 这一道理,任富贵自来自去,始终泰然处之,便会达到无忧无喜的超然境界,也就免除了世间的一切纷扰。

对于一个家庭而言,其兄弟子嗣互相争讼的根源是人内心不断膨胀的欲望。"兄弟同居,甲者富厚,常虑为乙所扰。十数年间,或甲破坏而乙乃增进;或甲亡而其子不能自立,乙反为甲所扰者有矣。"⑥ 同居一处的亲生兄弟,若一人富贵,一人穷困,则穷困之人必时常搅扰富贵之人的生活,以致后者"不能自立"。因此,世上的万千家庭,大都为争夺族产而互不相让,甚至机关算尽,无所不用其极。但纵然他们通过权谋智术获得了自己想要的富贵生活,也无法彻底摆脱外界的困扰。"虽大富贵之人,天下之所仰羡以为神仙,而其不如意处各自有之,与贫贱人无异,特所忧

---

① (宋)袁采著,刘云军校注《袁氏世范》,商务印书馆,2017,第65页。
② (宋)袁采著,刘云军校注《袁氏世范》,商务印书馆,2017,第65~66页。
③ (宋)袁采著,刘云军校注《袁氏世范》,商务印书馆,2017,第66页。
④ (宋)袁采著,刘云军校注《袁氏世范》,商务印书馆,2017,第67页。
⑤ (宋)袁采著,刘云军校注《袁氏世范》,商务印书馆,2017,第68页。
⑥ (宋)袁采著,刘云军校注《袁氏世范》,商务印书馆,2017,第29页。

虑之事异尔。"① 袁采指出，大富大贵之人，也会有自己的不如意处，终究不能脱离世间的桎梏，只不过他们所忧虑之事与常人有所区别而已。袁采就此提出了"缺陷世界"的观点："故谓之缺陷世界，以人生世间无足心满意者。能达此理而顺受之，则可少安。"② 意即人生在世，无论富贵贫贱都不会心满意足，要实现内心的安宁平静，并不是由外界事物所决定的，归根到底还是要通达富贵自有命数的天理，以平和的心理对待人生百态。袁采纵论人性即天理的目的并非让其家族成员以消极的态度处理问题，而是告诫他们人生本无定数，不可放任自身欲望无限膨胀这一道理。在家庭的日常相处以及家政事务的处理中，如果人人都能保持自然平和之心，压制人性中天然的贪婪、嫉妒之情，便能够减少家族内部的纷争，维系家庭的长治久安。

综上所论，《袁氏世范》中的"人性论"家政思想包含了三个方面的内容。从处理家庭人际关系的角度来看，袁采提出顺应人性、宽以待人的基本原则，同时强调人应当克制自己的私人爱憎，以"均一"之心对待家庭成员。从家族子弟的教育而言，袁采认为教育的本质是让人实现从自然实体到社会实体的转变。所以对于家族子弟的教化，应该抑制其天性中的缺陷，补充其天性的不足。在天理与人性的关系上，袁采则认为人性无法超越天理而存在，世事无常、天理不定，故人应当时刻保持克制，以自然的态度对待家庭事务。从本质上说，袁采的"人性论"家政思想，秉持了儒家推己及人的理念，同时兼具道家顺化的思想。这三个方面虽各有侧重，但总体的理论主张皆是在阐释只有首先塑造自我、完善个人的品性修养，才能治理家政、教诲子孙这一逻辑线索。

（编辑：王永颜）

---

① （宋）袁采著，刘云军校注《袁氏世范》，商务印书馆，2017，第68页。
② （宋）袁采著，刘云军校注《袁氏世范》，商务印书馆，2017，第68~69页。

Home Economics Thought on the "Theory of Human Nature" in Yuanshishifan (Models for the World by Master Yuan)

WANG Jingxian

(School of Home Economics, Hebei Normal University, Shijiazhuang, Hebei 050024, China)

Abstract: *Yuanshishifan* (*Models for the World by Master Yuan*) written by Yuan Cai is an important works of family precepts of the Song Dynasty (960 AD -1279 AD), whose valuable resources of home economics thought could be of reference for modern home economics study. In the home economics thought of this book, "human nature" is taken as the starting point and foundation of all arguments. Yuan Cai's "theory of human nature" includes three aspects. The first is to acknowledge the "natural property" of human beings in dealing with family interpersonal relationships. Different family members have their own natural endowments, so in handling family affairs, it is not necessary to force all members to be consistent. The second is to point out in educating the young of the house that humans can be "enlightened," and the ultimate goal of family education should be to cultivate man of noble character who are loyal, trustworthy, devoted, and respectful. The third is to acknowledge that "human nature" is a part of the "heavenly principles," emphasizing that the premise of managing a household is cultivating one's morality, while the key to cultivating one's morality is to restrain the desires in human nature and return to the original intention of the natural principles. These three aspects together constitute the thought system of home economics in *Yuanshishifan*.

Keywords: *Yuanshishifan* (*Models for the World by Master Yuan*); Theory of Human Nature; Home Economics Thought

杨卫玉女子家事教育思想探析[*]

刘京京 张 帆

(河北师范大学教育学院,石家庄 050024)

摘 要:杨卫玉女子家事教育思想是杨卫玉女子职业教育思想的重要组成部分。他的女子家事教育思想的形成,以民族复兴为动力源头,同时结合了他对社会现实的考量和对中外家事教育经验的借鉴。杨卫玉主张家事教育的目标应当是使女子承担社会责任,为了实现这一目标,他提出了独特的家政课程内容以及课程组织方式,同时注重家事实习的训练,以达到家政理论与实践的融合。深入挖掘杨卫玉女子家事教育思想对新时代推进家政教育发展、完善课程体系以及开展家政教育实践有重要借鉴意义。

关键词:杨卫玉; 女子家事教育; 家事课程设置

作者简介:刘京京,河北师范大学教育学院教授,博士,主要研究方向为中国教育史;张帆,河北师范大学教育学院硕士研究生,主要研究方向为高等教育史。

杨卫玉(1888~1956),字鄂联,江苏嘉定人,中国近代职业教育的杰出先驱。他是中华职业教育社的主要领导人之一,与黄炎培、冷御秋、江恒源(问渔)并称为"职业教育社的四老"。自1921年加入职教社,杨卫玉历任副理事长、总干事等职。他致力于职业教育实践,形成了自己的教育思想。关于职业教育和女子教育,他有着丰富的论述。女子家事教育是杨卫玉女子职业教育的重要组成部分,他主张民族复兴要从女子家事教育开始,呼吁重视女子家事教育,同时他在教育目标和教育方法上都有所阐

---

[*] 本文为河北省教育厅青年拔尖人才项目"民国时期乡村教师日常生活及社会角色研究(1912-1937)"(项目编号:BJS2023038)成果。

述。他的女子家事教育思想不仅在当时产生了影响,而且为中国家政教育史留下了丰富的思想资源。

当前,学界对于杨卫玉的相关研究主要集中在其职业教育思想,对于杨卫玉女子教育思想的研究较少,其中对他女子家事教育思想的研究关注更少。随着国家对家政学科建设的重视,诸多高校陆续开设了家政学专业,以培养高质量家政服务人才。因此,研究杨卫玉女子家事教育思想不仅具有丰富中国家政教育思想史的学理价值,而且对更好地探索我国家政教育建设路径具有借鉴意义。

一 杨卫玉女子家事教育思想的形成

杨卫玉女子家事教育思想是受多方面因素交织影响形成的。首先,他受民族复兴强烈渴望的驱动,希望女性在社会发展中发挥作用;其次,现实生活中人们对家事教育的忽视也引发了他对这一议题的深入思考;最后,他广泛吸收了国内外家事教育经验,这使其思想更加丰富。

(一)动力来源:渴望民族复兴

杨卫玉女子家事教育思想形成的最重要动力是对民族复兴的强烈渴望,"吾们欲求民族复兴,必先改造社会,而欲改造社会,必先改造构成社会之各个分子"[1]。杨卫玉深刻认识到这个庞大的改造过程必须从社会构成的最基本单位(家庭)开始。在他看来,若要实现民族的复兴,女性作为家庭和社会的中坚力量,必须在其中发挥关键作用,"家庭的教育、经济、管理等都操在女子的手里,将来次代国民的健全与否和现代国民的相安与否,关键都在眼前的女子"[2]。一战后,社会渐渐意识到女性参与社会服务是可能的,并开始提高对女性的人格认可。然而,杨卫玉观察到当时大部分农村女性缺乏教育,而城市女性大多只关注消费享乐,缺乏对家庭

---

[1] 杨卫玉:《家事教育在社会的地位》,《教育与职业》1936年第1期。
[2] 杨卫玉:《家事教育在社会的地位》,《教育与职业》1936年第1期。

教育和社会责任的认识，并且，他发现一些女性对社会服务的理解存在误区，忽视了家庭事业的重要性。因此，他强调女性在家庭中的责任不仅仅是操持家务，更重要的是参与家庭事业，关注儿童的成长、维持和改善生活。

杨卫玉认为家庭事业与社会事业是密不可分的，女性应将二者结合起来，积极参与社会事务。他主张男女平等，但也强调男女在性情、所处环境等方面存在差异。他指出，"社会事业，固然是不分男女，应该人人尽责，却不是人人同负一种责任"①，所以男女在社会事业中应该进行分工分职，充分发挥各自的优势。他认为女性的特殊关怀和细致观察对于儿童保护、生活改善以及家庭稳定都是至关重要的。因此，他提倡女性不仅要关注家庭，还要参与社会事业，为国家和社会的发展贡献力量。

（二）现实考量：对女子家事教育缺乏重视

在现实中，女子家事教育并未得到充分的重视和关注。杨卫玉多次在其著作中强调家事教育的重要性，并明确指出"不设女子教育则已，如设女子教育，家事绝不可忽"②。但当时社会更加关注一些新的、大的、远的教育问题，许多人认为家事教育只是一个家庭小问题，从而忽视了其在整个社会和国家中的重要地位。事实上，家事教育的价值和现代性不应被低估，杨卫玉认为"家事教育之重要，不仅在个人与家庭方面，实亦为社会国家所应当重视的"③。很多人狭隘地将家事教育仅仅理解为烹饪和缝纫等简单技能，这导致其在社会中的地位和价值较低。然而，家事教育的内涵远远超出了这些，它包括广泛的知识和技能，如家庭经济管理、儿童教育、生活规划等，此外，家事教育不仅涉及个人技能的培养，更与整个社会的发展和稳定密切相关。

杨卫玉积极呼吁家事学科的开设。"我很希望大规模之女学校——女

---

① 杨鄂联：《家事教育》，见中华职业教育社编《职业教育之理论与实际》第八章，中华职业教育社，1933，第2页。
② 杨鄂联：《家事教授革新之研究》，《教育杂志》1918年第10卷第1期。
③ 杨鄂联：《家事教育》，见中华职业教育社编《职业教育之理论与实际》第八章，中华职业教育社，1933，第2页。

子职业学校要有课程完全设备完全的家事专科,我更希望提创职业教育者,于这个问题作一番运动,否则家庭以外的社会事业虽发展,而社会以内的家庭事业要衰落了。"① 但实际上,当时各省市学校中设立家事教育科目的数量并不多,而且能提供相应设备和优质教法的学校更是寥寥无几,这使得女学生对家事教育关注较少。在《女学校与家事教育》中,杨卫玉表达了他对女子家事教育发展的期望,他认为虽然社会事业快速发展,但如果社会内部的家庭事业衰落,将会带来巨大问题。因此,他号召职业教育者要为推动女子家事教育的发展而努力。

(三) 广阔视野:吸收中外家事教育经验

杨卫玉对中国家事教育的发展历史进行了梳理,指出这一教育形式尽管未形成制度,但在中国古代就已存在,并持续了数千年。他强调"家事教育之精神,确寓于母教女傅之中"②,即家庭教育和传统的母亲、女家长的传授是最基本的家事教育形式。在古代社会,女性被赋予"男主乎外女主乎内"的角色,因此女子受到相应的家事训练是理所当然的。在这样的家庭教育传统中,"妇德妇言妇容妇功"③ 都以家事为中心的,也可以视为一种职业化家事教育。而有组织有系统的学校教育,则是近代以来的事。正是对历史的系统了解,才使杨卫玉洞悉中国家事教育存在的缺陷,并认识到中国家事教育的潜在价值和重要性。

除了对国内家事教育思想的继承外,杨卫玉同时吸收了国外家事教育的经验。在对比国外家事教育经验时,杨卫玉指出,"试看苏联日本英美诸国,都是前进的国家,社会制度,虽然不同,但其重视家事教育则一,想见其重要了"④。他早年就赴日本东京高等师范学校留学,⑤ 1929 年,他受中华职教社所派,再次赴日本考察。⑥ 在日本考察时,他对日本的家政

---

① 杨鄂联:《女学校与家事教育》,《教育与职业》1921 年第 8 期。
② 杨鄂联:《我国家事教育之演进》,《教育与职业》1934 年第 3 期。
③ 杨鄂联:《我国家事教育之演进》,《教育与职业》1934 年第 3 期。
④ 杨卫玉:《家事教育在社会的地位》,《教育与职业》1936 年第 1 期。
⑤ 安宇、沈荣国:《杨卫玉:中华职教社的栋梁》,《职业教育研究》2008 年第 10 期。
⑥ 谢亚慧:《杨卫玉的职业指导思想》,《职业技术教育》2013 年第 19 期。

科进行了深入的观察和研究。他指出,"其所谓家政科者,亦已从狭义扩而为广义"①。家政科包含缝纫、烹饪、园艺畜牧、经济等多个方面。在家政学校中,学生的实习不仅仅是消耗性的,而且是有生产价值的,比如通过烹饪实习可以提供饮食自理和点心出售,通过缝纫实习可以为军士制作衣帽。此外,日本的家政学校还重视学生的思想解放,鼓励学生开展学问和社会问题的讨论,促进了学生的全面发展。日本的家政学校十分注重教育方针,不仅关注中产阶级以下的生活,还注意中产阶级以上的生活教育。这种综合性的家事教育模式为杨卫玉提供了借鉴和参考的价值,促进了他女子家事教育思想的形成。

二 杨卫玉女子家事教育思想的内容

杨卫玉关于女子家事教育的相关论述十分丰富,他认为女子家事教育要"构造以事实为出发点之教材,以完全选材之职能,别营各种设备,以为实习之机关。使形式陶冶,与实质陶冶,并行不悖"②。其基本内容包括女子家事教育的目标、课程设置和实施方法。

(一) 教育目标:女子参与社会事业

杨卫玉从宏观和微观两个角度提出了自己的教育目标。宏观上,杨卫玉明确指出,家事教育的使命不是培养传统意义上的"量米造饭的管家婆"③,而是为了造就能够支配家事、改进社会的女性。在他的思想中,女性要掌握家事技能的范围十分广泛,涵盖经济、设备、教育、卫生、管理、食事、衣服、娱乐、交际等多个领域,这体现了家事教育对女性全面发展的重要性。他进一步指出,家事教育除了授以各种理论技能,还应研究家庭伦理、理想之家庭等,要使女性在物质和精神两方面都得到培养。这表明家事教育不仅是技能的传授,而且涉及家庭价值观、伦理道德等方

---

① 杨鄂联:《日本职业教育之一般》,《教育与职业》1930年第2期。
② 杨鄂联:《家事教授革新之研究》,《教育杂志》1918年第10卷第1期。
③ 杨卫玉:《家事教育在社会的地位》,《教育与职业》1936年第1期。

面的培养，以造就有担当、有责任感的女性。

微观上，杨卫玉认为女子家事教育不能一蹴而就，应当循序渐进，他论述了各阶段校内家事教育的目标。小学阶段重点培养对材料的了解和基础技能，"科目不妨多，而不必求其精"①，中学及专门学校阶段应具有职业性质，需要进行更多的实践练习，同时应授以其他科学知识，满足学生全面发展的需求。这种分阶段设置家事教育的方式有助于学生逐步培养家事技能，同时获得其他知识的补充，以适应社会的多元需求。

（二）课程设置：多元性与实用性结合

1. 课程内容

杨卫玉认为学校课程应该能够引起学生的热情和兴趣，不能盲目浮动，舍本逐末。要实现女子家事教育的目标，"不能不从课程上用一番组织功夫"②。他立下了几个家事教育公共课程的标准："一、能适应学生需要，二、注重艺术，三、与他学科联络，四、能发展个人技术与思想。"③这些标准体现了家事教育课程的多元性和综合性，也表现出家事教育的课程不仅局限于实用技能的培养，还应包括对艺术、学科联系和个人发展的重视。

此外，杨卫玉建议将衣服、卫生、食事、教育、设备等内容列为主要科目，将经济、园艺、管理、娱乐、交际等较易学习的内容列为次要学科。他认为，"各科内容之多寡，应以一般实际为标准，先施调查之手续，再决取舍之范围"④，这种灵活的设置能更好地满足学生的需求，使家事教育更具针对性和实用性。同时，他也意识到中国各地区存在差异，各家庭也有所不同，要分别进行研究。他指出："注意其共同之点，研究其差别之处，何者宜助以教育？何者可得之自然？何者为城市家庭所常有？何者

---

① 杨鄂联：《家事教育》，见中华职业教育社编《职业教育之理论与实际》第八章，中华职业教育社，1933，第3页。
② 杨鄂联：《女学校与家事教育》，《教育与职业》1921年第8期。
③ 杨鄂联：《家事科课程标准草案》，《教育与人生》1924年第26期。
④ 杨鄂联：《家事教育》，见中华职业教育社编《职业教育之理论与实际》第八章，中华职业教育社，1933，第5页。

为乡村家庭所屡见？"① 各地区的女子家事教育内容应有不同的焦点，要因地制宜，适应当地的环境和需求，紧密联系学生的日常生活和实际需求，使学生能够更好地理解和运用所学知识。

2. 课程组织

杨卫玉在女子家事教育课程设置方面，强调了课程组织的重要性，并提出了分阶段、成一统的课程设计思想，体现了科学性、实用性和整合性的特点。首先，杨卫玉提出了女子家事教育应分三个阶段进行。"以收容四年小学毕业而已届受职业教育年龄者为第一阶段，以收容六年小学毕业者为第二阶段，以收容初级中学毕业者为第三阶段。"② 这样的分阶段设置充分考虑到学生年龄和学习能力的不同，确保教育内容与学生的成长发展相适应。第一阶段主要培养学生了解家庭的意义，研究家庭组织和治家的基本知识，以及培养对家庭生活的兴趣。第二阶段着重让学生了解自己对家庭的责任，使其养成处理日常生活问题的能力和兴趣，适应自己的生活环境，并认识到人与家庭社会的关系。第三阶段的教育目的是使学生明白社会制度和家庭的关系，理解生产原则和消费支配，并解决实际生活中的各类问题，同时培养互助精神和解决问题的能力。

杨卫玉主张以一事为一单元，通过有关系的科目进行联络。"西洋家事教学，本有家事技术 Domestic arts 和家事科学 Domestic Science 的区别，我的主张是把技术和科学联络起来教。"③ 他强调打破各科部分之系统，构成一个家事中心的大系统。例如，"关于衣服之事项：修身（衣服之目的及爱惜）、家政（衣服之整理及储藏法）、理科（衣服洗濯石碱之制造及利用）、缝级（衣服之裁缝）、算术（衣服之购置及时值）"④。这样的设置将修身、家政、理科、缝级、算术等多个科目联系在一起，形成了一个完整的教学单元。这种联络性的课程组织可以增强学生对知识的整体把握，

---

① 杨鄂联：《家事教育》，见中华职业教育社编《职业教育之理论与实际》第八章，中华职业教育社，1933，第4~5页。
② 杨鄂联：《家事科课程标准草案》，《教育与人生》1924年第26期。
③ 杨鄂联：《女学校与家事教育》，《教育与职业》1921年第8期。
④ 杨鄂联：《家事教授革新之研究》，《教育杂志》1918年第10卷第1期。

培养综合运用知识的能力,使家事教育更贴近实际生活。

(三)实施方法:理论与实习并重

杨卫玉通过构建独特的五步规划,并设想与现实家庭合作,提出了一套实用的女子家事教育实习方案。该方案的核心目标是通过实际操作来培养学生的能力,使他们更好地适应家庭和社会的发展需求。杨卫玉所在的江苏省立第二女子师范学校的一位毕业生,已担任某高等小学的校长,但因为缺乏经验,为学校购置设备时多被人欺骗。① 因此杨卫玉"以为女子学校家事科之不可缓,家事实习之不可不亟办,盖有如是。乃决计设实习室。令诸生从事实习。又以为令诸生实习。自当处处任诸生自动。而此实习之手续,亦诸生大好自动之机会"②。

首先,杨卫玉认为仅有理论知识是远远不够的,学生需要通过实际操作来增强技能和提高应对实际问题的能力。"女学校之家事教育,绝非仅恃书本,亦非仅恃依样葫芦的实习。"③ 因此,他根据学生的能力、学校的经济以及时间、手续等因素提出了家事实习的"五步规划"。"第一步为相地造屋,第二步为购置装饰,第三步为分组实习,第四步为生产之家,第五步为模范之家。前三步不过为家庭之雏形,第四步则由维持家庭生计而推为扩充家庭生计。至第五步始为完全有教育之家庭而足为社会法若仅能淘米洗菜即谓能尽治家之职者,吾不敢承认,若未至完全地步而即以模范家庭自居,吾更不敢自承也。"④ 这个"五步规划"每一步都能够逐渐增加难度,使学生的学习过程变得有条不紊,从而逐步提高学生的家事管理能力。

其次,杨卫玉进一步提出了女子家事教育的实习可以与现实家庭合作,"因为学校,或因经济之困难,设备不完全,或虽有假设之家庭,而

---

① 《杨卫玉君报告江苏省立第二女子师范学校附属小学校高等三年生家事实习情修》,《临时刊布》1917 年第 24 期。
② 《杨卫玉君报告江苏省立第二女子师范学校附属小学校高等三年生家事实习情修》,《临时刊布》1917 年第 24 期。
③ 杨鄂联:《女学校与家事教育》,《教育与职业》1921 年第 8 期。
④ 杨鄂联:《女学校家事实习之研究》,《中华教育界》1917 年第 6 卷第 4 期。

实验之精神，仍不脱儿戏之真相，无补实际。所以能利用环境与原来之设置，更为重要"①。他认为学校应该与周边的模范家庭合作，让学生到这些家庭中去实习，以便更好地学习和应用家事技能。"这种实习，比较学校特设所为模范家庭者，更为实际。个人前往实习，均须有预定之设计，经教员之许可，家庭之同意，工作时间与学习结果，事前有计画，事后有报告，家庭对于学生，亦应有具体之评判，其得益当数倍于学校。"②与现实家庭的合作，不仅能够使学生更好地将理论知识应用到实践中，还能让学生更深入地了解社会生活和社会需求。此外，杨卫玉还强调了家事实习的评估与反馈，他认为学生的实习过程应该有预定的设计，学校教员和家庭都需要对学生的实习情况进行评估与反馈。这样一来，学生可以了解自己的不足之处，并在家事实习中不断改进和完善。

三 杨卫玉女子家事教育思想对当代家政教育的借鉴意义

在党和国家相关政策的支持下，我国家政学科进入高层次家政人才培养的新阶段，但依然面临诸多难题。③杨卫玉的思想主张不仅推动了近代女子家事教育地位的提升，而且在当下的家政教育中仍具有重要的借鉴意义。

（一）重视家政教育的地位，推动家政教育发展

杨卫玉是民国时期实施女子家事教育的积极倡导者，在社会穷困、民族衰败的环境下，杨卫玉把家事教育与国家振兴相联系，提出"吾们认为家事教育，在社会上有很重要的地位，现有复兴的必要"④。他看到了家事教育对于女子教育和社会发展的意义。近年来，国家越来越重视家政服务

---

① 杨鄂联：《家事教育》，见中华职业教育社编《职业教育之理论与实际》第八章，中华职业教育社，1933，第6页。
② 杨鄂联：《家事教育》，见中华职业教育社编《职业教育之理论与实际》第八章，中华职业教育社，1933，第6页。
③ 王永颜：《中国家政学科的发展基础与未来期待》，《河北学刊》2023年第3期。
④ 杨卫玉：《家事教育在社会的地位》，《教育与职业》1936年第1期。

业的发展，这也意味着家政教育具有广阔的前景。2019 年《国务院办公厅关于促进家政服务业提质扩容的意见》（国办发〔2019〕30 号）指出，"原则上每个省份至少有 1 所本科高校和若干职业院校（含技工院校）开设家政服务相关专业，扩大招生规模"；2021 年商务部等 14 部门印发的《家政兴农行动计划（2021－2025 年）》（商服贸函〔2021〕512 号）提出，要"强化人才培养，鼓励职业院校（含技工院校）、普通高等院校优化家政专业设置，扩大培养规模"；2022 年中共中央、国务院印发《扩大内需战略规划纲要（2022-2035 年）》，指出要"推动家政服务提质扩容。促进家政服务业专业化、规模化、网络化、规范化发展，完善家政服务标准体系"；2023 年商务部等部门印发《促进家政服务业提质扩容 2023 年工作要点》（商办服贸函〔2023〕334 号），要求"引导院校加强家政专业建设，打造一批核心课程、优质教材、教师团队、实践项目"；商务部等 16 部门印发《2023 年家政兴农行动工作方案》，提出要吸纳大学生就业创业，鼓励家政企业、家政培训机构开展校园招聘，鼓励高校毕业生创办家政企业。这些政策措施为家政教育的发展提供了坚实的支持，也为培养更多优秀的家政服务人才创造了良好的环境。

新时代家政教育的充分开展对于促进家政服务业的高质量发展以及更好地满足城乡家政服务消费需求具有重要意义。当前，我国家政服务行业的需求呈现多样化的趋势，家政服务不仅要提供劳动力，而且要规划和协调整体的家庭生活。家政服务要考虑家庭成员的个性、健康、教育、社交等各个方面的需求，为家庭定制服务方案，使家庭成员在物质和精神上都能得到满足。这不仅需要家政专业人才具备丰富的专业知识和技能，而且需要他们具备跨领域协作的能力，能够与医疗、教育等社会多个领域的机构和人员合作，为家庭提供全面支持。所以高校在培养家政专业人才时，必须与市场需求紧密对接，灵活调整培养策略，适应行业的发展变化，从而为新时代的家政服务业提供源源不断的高素质人才。

（二）完善家政教育课程，满足社会需求

在家事教育内容上，杨卫玉十分重视课程内容的多元化，除了专业知识的教授，还强调要对学生进行价值观的培养。他指出，"家事教育虽有职业性质，然如研究家庭之历史，家庭与社会之关系，社会进化之原理，家庭之艺术与经济等，亦含有文化和社会的性质"①。杨卫玉深知家事教育不仅要传授职业技能，而且要让学生深入了解社会文化，他致力于通过家事教育，在锻炼学生家政技能的同时，培养他们对社会的感受力，使其成为全面发展的个体，引导他们更好地融入社会，成为有责任、有担当的家庭成员和社会公民。

在当今的家政教育中，要提升人才培养质量、完善课程体系建设，应当采取一系列有益措施。"家庭服务业是一个十分特殊的行业，对人才的要求与其他行业有很大的不同，要求人才不仅具有扎实的基础知识，还要有良好的职业精神和职业心态，更要有较高的职业核心能力和可持续发展能力。"② 因此，新时代家政教育的课程设置，必须紧密结合社会发展需求，以培养具备全面素质的优秀家政人才为目标。这意味着家政的教育课程应该以多元化技能培养为基础，不仅要传授基本家政技能，还要覆盖健康营养、家庭金融管理、家庭心理健康等多个领域，以适应不断变化的家政服务范围。与此同时，家政教育还应融合现代科技，让学生懂得运用科技提升服务效率，从而保持职业竞争力。培养社会责任感和公益意识也应成为课程的重要内容，可以通过社区服务等实践环节，增强学生的社会参与意识。此外，职业道德的培养、人际沟通能力的提高等同样重要，这能使家政人才在工作中保持专业性。另外，在课程中加入跨学科知识，例如家庭与社会关系、心理学等，将有助于学生以更多元的视角思考问题，以增强综合素质。课程还应引导学生了解职业发展和创业的前景，为他们未来的职业道路提供更多选择。最后，课程应当引入国际家政服务案例，培养学生的国际视野和跨文化交流能力，使他们能够在全球范围内发展。综上所述，新时代家政教育的课程内容应当综合考虑技能培养、素质教育、社会责任感以及国际视野等方面，以培养全面发展的家政人才，为社会的

---

① 杨鄂联：《家事教育》，见中华职业教育社编《职业教育之理论与实际》第八章，中华职业教育社，1933，第3页。
② 胡艺华：《本科院校举办家政学专业的思考》，《中国高教研究》2013年第1期。

繁荣与进步做出积极贡献。

（三）注重家政教育实践，实现理论与实践相结合

家事教育的实施必须注重与社会实际相符合，闭门造车无法取得良好的效果。杨卫玉指出，"研究家事科，应时时顾到社会的实况，固然不能泥古，却亦不能离实际生活太远"①。杨卫玉意识到当时家事教育存在没有实习过程而导致学生脱离社会生活的弊端，因此，他主张家事教育必须将理论与实践相结合。他认为"家事教育，徒恃书本上知识，而缺乏实际经验，没有什么效用的"②，强调实习不能只在学校里进行，而应该到现实家庭中去，以便真正地了解和体验家事的方方面面。只有这样，才能让学生在真实环境中应用所学知识，培养其解决实际问题的能力。

新时代家政教育的实践，必须深刻认识到其在培养优秀家政人才方面的重要性。实践训练作为理论知识的应用，为学生提供了深入了解家务操作、解决实际问题的机会，使他们能够在真实情景中锻炼技能、提高素质。这种训练能够帮助学生通向社会，使其更好地将所学应用于现实生活，以便构筑其坚实的职业素养。在家政实践训练中，实践训练的深度与广度应与家政实际密切结合。家政教育的核心在于为学生提供家庭管理、烹饪、清洁、健康保健等方面的实际操作经验。通过在实际环境中的操作，学生能够更好地理解技能要求，找到应对现实问题的方法，从而增强实际动手能力。与此同时，实践训练在培养学生解决问题的能力方面具有不可低估的作用。在家务实践过程中，学生可能会遇到各种实际问题，如食材不足等突发状况。通过解决这些问题，学生不仅可以提升自己的灵活应变能力和创新能力，还能够培养自主解决问题的能力。此外，协作与沟通是家政实践的重要一环，学生通过团队合作提高协调与合作能力，同时在沟通协商中提升交流技巧，这样的经验不仅对学生未来的家庭生活有

---

① 杨鄂联：《家事教育》，见中华职业教育社编《职业教育之理论与实际》第八章，中华职业教育社，1933，第12页。
② 杨鄂联：《家事教育》，见中华职业教育社编《职业教育之理论与实际》第八章，中华职业教育社，1933，第4页。

益，也能使其在职场中获得更好的发展。另外，针对实践训练的评估和反馈也是至关重要的，学校教师和实习场所应制定明确的实践目标和评估标准，及时给予学生反馈和指导。这有助于学生认清自己的不足，促使其逐步完善自己的技能，从而更好地适应家庭和社会的需求。

综上所述，杨卫玉作为近代女子家事教育的积极倡导者，为中国近代家事教育发展提出了很多有益的建议。他的家事教育思想强调综合素质培养、课程多元化和实践教学，为培养适应现代家庭和社会需求的优秀家政人才提供了有益的经验和指导。在新的历史背景下，我们应当紧密结合时代需求，充分借鉴杨卫玉的思想，不断推动家政教育的创新发展，为家政服务业的繁荣与社会的进步做出积极贡献。

（编辑：王婧娴）

On Yang Weiyu's Thought on Women Home Economics Education

LIU Jingjing, ZHANG Fan

（College ofEducation, Hebei Normal University, Shijiazhuang, Hebei 050024）

Abstract: Yang Weiyu's thought on women home economics education is an important part of his thought on women vocational education. National rejuvenation fueled the formation of his ideas, which also incorporating his consideration of social reality and domestic and foreign home economics education experiences. Yang Weiyu advocates that the goal of home economics education is to enable women to take on social responsibilities. To achieve this goal, he proposed a unique content and a course organization mode for home economics education, while emphasizing the training in home service internships to achieve the integration of theory and practice. An in-depth analysis of Yang Weiyu's thought on women home economics education is of great significance for promoting the development of home economics education, improving the curriculum system and developing home economics education practice in the new era.

Keywords: Yang Weiyu; Women Home Economics Education; Home Economics Curriculum Setting

社会历史视角下家政学形成与发展的脉络

赵炳富

(菏泽家政职业学院,山东 单县,274300)

摘　要:社会各界对家政学的兴趣越来越浓厚,对家政学的认识和理解也向着越来越广阔和深入的角度拓展加深。在这股探索的热情中,大众视野里家政学的基本样貌却含混不清。勾勒一门科学的样貌,确认其内涵与价值,最便捷准确的途径就是梳理、把握它确立、形成的过程与初步发展的历程。这一工作的现有成果缺乏以社会历史发展的客观事实为坚实支点,也未细致地将历史支点连成绵延的逻辑线索,显得主观推演色彩过重,未能揭示家政科学形成发展过程中确立的该学科的价值倾向和本质属性。

关键词:家政学;内涵与价值;学科属性

作者简介:赵炳富,菏泽家政职业学院现代家政服务与管理专业讲师,主要研究方向为家政职业教育和家政学等。

家政学作为现代科学的组成部分,其形成和发展是近现代科学体系形成与发展全部历程的组成部分,它继承了古代人类文明对家政的经验性认识,与现代科学发展一样,是近代社会政治、经济、文化剧烈变革的结果之一。

一　家政学的定义

综合国内外对家政学的各种认识,本文认为家政学是一门综合应用科学,它的内容包括家政学元论、家政学认识论和家政学实践论三大类理论知识。家政学元论是关于家政学本质属性、本质价值和基础理论建构与研究的知识;家政学认识论是以家政学元论的原理为依据,认知家政学的研究与实践对象、整合其他各类科学知识的方法及认知,形成的家政学知识与观念系统；家政学实践论是应用家政学原理拓展家政学认知的理论，也是运用家政学认知论的知识观念解决现实生活问题的理论。家政学的研究对象是家庭成员和家庭资源，研究内容是家庭成员和家庭资源的相互作用，研究目标是实现它们之间相互作用的最优化。①

简言之，家政学是以家庭类组织为认知和实践界域，聚焦个体的需要和发展，发现家的特质以及最优化满足人身心需求的规律，整合运用各种科学知识与文化艺术经验，解决治家问题、改进与家庭生活有关的家庭内外物质、精神条件，促进个人自我实现与人生幸福，实现社会全面发展与人类福祉的综合科学。

上述界定是在家政学的形成与发展的探究中得出的结论，也是统摄本文后续内容的逻辑基点。

二 家政学的形成

家政学是在人类社会发展、文明进步，人们对自然、社会的认识不断加深与丰富的过程中形成的。摩尔根的《古代社会》② 描述了人类早期积累采集、渔猎、种植和饲养等农业生产技术以维持自身的生存的过程。这一过程，自然地以原始家庭为组织单位，基于家庭生活的经验与认知开始了人类文明的积累。这些有关家庭的认知包括不同历史时期的技术发明和发现，包含不同时期各种社会制度。在人类进步的道路上，技术是累进发展的，制度是不断进步变革的。家政学与其所在的现代科学就在这些知识技术、社会制度的发展与扩展中萌芽、诞生。

（一）家政学诞生背景

1. 家政学诞生的社会背景

如果将家政学诞生的视野远眺到原始社会，在氏族、胞族和部落的

---

① 参见吴莹、梁青岭《家政学原理》，光明日报出版社，2014；汪志洪编《家政学通论》，中国劳动社会保障出版社，2015。

② 〔美〕路易·亨利·摩尔根：《古代社会》，马雍译，商务印书馆，2011。

社会形态中，生活组织方式、权力结构与资源分配，以及采集、渔猎、种植和养殖的技术等内容，都是家政的萌芽。即原始社会与原始家庭相互不分，社会治理与家政活动也不分，都处于混沌一体的状态。这种萌芽状态的积累从原始社会一直持续到近代，虽然总的趋势是逐渐相互分离的，社会是社会，家庭是家庭，但作为家庭治理的家政一直未能独立出来，社会概念反而逐渐扩大，吞噬了家庭，社会治理也部分地吸纳了家政作为其末端的制度体现，直到资本主义制度出现触发量的积累产生质变。

资本主义制度的出现是资本主义的思想、生产方式和生产关系的发展演变的结果。经历文艺复兴、启蒙运动和工业革命400余年的风暴洗礼之后，西方世界的社会生活出现了一种全新的面貌，家庭摆脱了封建制度的束缚，大家庭向核心家庭转变，家庭结构扁平化，个人在家庭中的地位比在传统大家庭的金字塔结构中高，尤其女性的地位得到了质的提高，从只能依附于家庭生存，变得有一定程度的自我生存空间。挪威剧作家易卜生1879年出版的剧本《玩偶之家》的女主角娜拉，在资本主义社会的家庭中，反抗虚伪、自私的丈夫和剥夺自由平等权利的家庭，选择与之彻底决裂。故事反映的就是19世纪后半叶资本主义社会家庭的状况，相比封建时代此时女性的权利意识开始觉醒，女性在自身的抗争和资本主义扩大生产的需要共同作用下，拥有了封建社会所没有的些许自主。资本主义社会依然是十足的男权社会，但是为了获得资本主义扩大再生产需要的足够劳动力，资本主义社会把女性从封建的家庭桎梏中稍稍松绑，在经济上、法律制度上，给了争取自由的女性一点儿独立生存的空间。这一系列社会变化，在工业革命推动下，从欧洲向美洲等世界其他地区扩散，使原本隐形的女性和女性属性的家政事物都显现在社会生活舞台上，为家政学的诞生打好了社会制度的背光。

2. 家政学诞生的经济背景

家政学诞生的最大影响就是把家庭生活的方方面面事务提高到了社会重要事物的高度。其前提是社会物质财富创造力和机械设施制造力的大幅度提高,即社会从贫穷向丰裕转变①,只有这样,普通大众的家庭生活事务的目标才能从维持生存、争取温饱转变为维持温饱、追求小康,享受富裕的生活,通过各种方式拓展自我家庭生活内涵。

社会财富方面,工业革命让大机器在各个领域替代人力和畜力,极大地创造了财富,扩展延伸了人的力量,在宽阔的河流中、茫茫的大海上,开始有冒着烟的铁轮船,大众的收入也开始可以承受使用这种交通工具。1850年,英国皇家邮政允许私营船务公司以合约的形式,帮他们运输信件和包裹,远洋邮轮从此诞生。②航行在大西洋的巨大船只在把人和货物往返运输于欧美大陆的同时,也把欧洲资本主义经济关系下的家庭观念带到了美国。资本主义的经济模式中,家庭是劳动力的来源,是社会大生产的参与组织,也是社会产品的最终消费单位。工业化、机械化、商品化的生活让家庭拥有了更多的选择,也产生了更多的茫然和无措,需要有人从旁指点。

以往,这个旁人可以是家族中的长辈,年轻一辈的生活与上一辈也不会有太大的变化,家庭生活事务靠着经验的代际传递都能解决,近代的发展让家庭自身和家庭生活都发生了巨大的变化,在人们茫然地寻求家庭生活指引的时候,文艺复兴和启蒙运动中造就成长起来的学者和科学家们义不容辞地扛着"科学"的旗帜做起了家庭事务的领航人。经济基础的变化,要求作为上层建筑的知识结构和方向与之匹配。原本只关注政治、社会等宏大议题的文化学者,开始关注作为资本主义社会巨大进步动力来源的小型化的家庭。呼吁社会解放女性,不要变成恩格斯描述的那样,"妻子和普通娼妓的不同之处,只在于她不是像雇佣女工做计件工作那样出租自己的身体,而是把身体一次性永远出卖为奴隶"③。基于此,恩格斯认为一切女性都需要参与公共事业。从家政学诞生的角度来看,家政学的出现是初步把家务与沉没其中的女性一起拉到公共视野当中。这种变化的根本动力是让女性走出家庭,满足资本主义社会工厂化生产的劳动力需求。

---

① 〔美〕加尔布雷思:《丰裕社会》,徐世平译,上海人民出版社,1965,第1~3页。
② 张孟伟、南岸:《西方邮轮发展史及对中国的启示》,《大经贸·创业圈》2019年第12期。
③ 中共中央马克思恩格斯列宁斯大林著作编译局编《马克思恩格斯选集(第四卷)》,人民出版社,2012,第294页。

3. 家政学诞生的科技背景

近代自然科学成就辉煌耀眼，从伽利略1585年发表《液体静力秤》开始，到1685年牛顿发现万有引力，1个世纪的时间，数学、天文学、物理学、化学、生物学、医学等几乎所有的自然科学领域都取得了显著的进步，科学开始渗透到社会生产和生活的各个方面。

马桶作为人们在家居生活中习以为常的卫生设施，在1851年伦敦世界博览会的厕所安装使用之前，还是鲜有人知的物件。家庭生活的各个方面，卫生、健康、饮食、居住、家具等，从设施、行为到认知，都逐渐科学化。这种科学化的趋势，在19世纪欧美创立的以普及文化和教育为宗旨的现代大学过程中进一步强化。这些现代大学是现代科学肆意生长的苑囿和向社会传播的坚实堡垒。以洪堡在德国创建柏林大学为开端，之后仿照柏林大学以开展科学研究传播科学文化知识为目标的现代大学相继创立，英国有伦敦大学、法国有巴黎高等示范学校，欧洲的一些古典大学，如牛津、剑桥、巴黎大学等也在逐渐转向现代化，美国作为后起者，在这方面更具优势，哈佛大学、耶鲁大学等早期建立的学院，迅速转向现代大学制度，1876年创建的约翰·霍普金斯大学更是美国以德国模式创建新大学的代表。在创建发展科学、传播科学的现代大学的潮流中，美国在19世纪中后期颁布法案，建立了几十所以农业科学传播为主、开设家政课程的赠地学院。[①] 随着进入大学的普通家庭子女越来越多，当家庭新一辈成员的生活观念逐渐科学化的时候，家庭生活事务，即家政也必然走向科学化。在此时的美国，家政学作为一门独立的科学呼之欲出。

（二）家政学诞生的主要人物与事件

当前研究普遍认为家政学的诞生地是美国[②]，对家政学的形成发挥关键作用的人和事也是美国的科学家和他们的贡献。这并不是说，美国是家政学形成的唯一源头，同时期的欧洲也有家政学的自发产生，但其发展速

---

① 别敦荣：《现代大学制度的演变与特征》，《江苏高教》2017年第5期。
② 吴莹、梁青岭：《家政学原理》，光明日报出版社，2014；汪志洪编《家政学通论》，中国劳动社会保障出版社，2015。

度、发展规模没有像美国家政学一样产生全球性的影响。

1. 卡特琳·比彻尔

19世纪工业革命传到美国，进一步加快了美国近代科学的发展。与欧洲相比，美国未能在16~17世纪的近代科学发展中产生那么多成就，但其17~18世纪的高等教育发展却可圈可点。从1636年哈佛大学的前身哈佛学院建立，美国开始拥有第一所高等学校。到1861年，美国有各类高等教育学校184所，其中87%是各宗教组织建立的学校。不过，它们比欧洲的牛津、剑桥等传统的教会大学更能够接受世俗的科学知识，认为知识、道德和宗教是一体的，实用性的科学知识在美国得到更宽松的研究与传播环境。美国女性高等教育始于1786年的"青年女生学校"，1787年到1850年其他一些女性高等学校相继成立，课程上多是生理学、卫生、艺术、舞蹈和音乐等，1860年开始男女同校。[①]

在上述背景下，1840年，卡特琳·比彻尔女士撰写了《家事簿记》一书和文章《论家政》，率先探讨家庭生活问题的科学性，并从科学的角度阐述了解决当时家庭生活问题的实用方法，开启了社会关注女性、女性家政事务和家庭事务科学化的序幕。

2. 艾伦·理查德

19世纪末20世纪初，受到良好教育的美国中产阶级妇女，渴望像男性一样平等参与公共事务管理活动，从女性的家庭管家角色出发，向社会延伸，成为社会管家和国家管家，她们希望将科学成果应用到家庭生活中，革新家庭状态。家政学的先驱就来自这一群体，艾伦·理查德是她们中的代表。她将家政学视为一种社会改革活动，通过科学的方法将家政科学化、专业化，用家政学"武装"家庭中的妇女，提高她们的知识文化水平，帮助她们解决家庭生活事务问题，亦拥有获取更多社会工作机会的能力和条件。

理查德最初提出家政学有两方面关注重点：一方面是控制家庭食品、服装和住所等的生产和消费；另一方面是管理经营物品、时间、精力和金

---

① 陈朋：《美国家政学学科百年发展述评》，《中华女子学院学报》2015年第2期。

钱。这些关注点都反映了当时家庭面对的生活现实，工业革命带来的环境污染，造成了生活用水的污染、空气质量的下降；公共管理不完善，造成垃圾遍地、质量参差不齐的食物充斥市场。作为一名理科学者，理查德联合化学家、公共卫生学学者、生物学学者等，跨学科综合研究解决这些问题，从实践中积累形成了最初的实践技术性的家政学理论。

3. 柏拉塞特湖会议与家政学会

经过家政学先驱学者的努力，家政课程首先于19世纪70年代进入美国高等学校，1875年，伊利诺斯大学第一个设立四年制的家政课程，是大学正式确立家政学学科地位的开端。1890年后，美国学院和高中广泛开设家政学课程。1899年9月，在纽约的柏拉塞特湖俱乐部，11位研究家政学的学者聚集在一起，讨论"家政诸多问题"，最重要的成果是确定了家政学的正式名称"Home Economics"。柏拉塞特湖会议直到1908年每年举行一次，奠定了家政学的基本理论基础。1908年12月，美国家政学学会在华盛顿成立，理查德为首任会长，标志着家政学正式成为一门独立的科学。[1]

简单来说，家政学就是在政治、经济、科技与家庭自身的变革相互作用的条件下，必然地出现在了它该出现的历史节点上。

三 家政学的发展

家政学在美国一经出现即呈现迅猛的发展趋势。

（一）美国家政学的发展

家政学在美国确立的时候，正逢1900~1917年美国进步主义运动如火如荼地开展，具有社会改革性质的家政学就是进步运动的一部分，在运动中得到了初步发展。

美国家政学的确立得益于高等教育的雄厚基础，家政学的发展也受到

---

[1] 钟玉英主编《家政学》，四川人民出版社，2000，第10页。

高等教育发展的大力推动。1862年颁布的《莫雷尔法案》又称赠地法案，规定各州凡有国会议员1名，拨联邦土地3万英亩，用这些土地收益资助至少1所开设农业、机械等方面专业的学院。1890年又颁布第二次赠地法案，赠地学院发展到69所，这些学校都成为日后发展家政学的主力。1917年《史密斯-休斯法案》为学院及其下的农业、家政和工业高等职业教育提供专项资助。法案刺激了家政学学科在大学的扩张，各州的赠地学院纷纷成立了家政学院或系，主要培养各级各类的家政教师，形成了覆盖全美的家政学高等教育网络。美国家政学会为了家政学的教学和研究发展，游说联邦和各州政府获得了大量资助，也促使家政学教育和研究活动迅速发展。1923年美国农业部设立家政局。1930年美国家政学会将家政学的目标调整为"提高家庭生活的质量，满足个人和社会需要"。家政学的重心从关注城市管理和妇女社会地位转为围绕家庭事务的科学管理。受《史密斯-休斯法案》影响，家政学成为针对年轻女性的专门教育，被贴上了女性的标签。20世纪下半叶，在美国新女权运动的影响下，各大学的家政系开始招收男生，家政学摆脱了性别的标签，确立了通过对日常生活的批判和重建，帮助人们建立适应现代发展的新生活方式的学科价值。1936年，设有家政学课程的大学有250所以上。1943年全美有165所大学设有家事学学士学位课程。二战后，美国家政学伴随美国的整体进步不断发展。2001年，美国家政学者鲍尔等提出了家政学学科知识体系。2008年，美国家政学会发布《家庭与消费者科学教育国家标准》。2010年，美国修订学科专业分类系统，家政学学科作为一级交叉学科群，有10个学科和33个下属专业。[1]

如今美国的家政学，已经发展为拥有丰厚社会基础的科学。它拥有学前、小学、中学，各种技术和社区学院，直到学院、大学、研究生的教育体系，拥有众多家政学硕士和博士教育机构。有近千所大学设有家政学系或专业，学科内容涉及社会、经济、医学、营养、资源、环境等各个方面。它培养的人才就职于教育、管理、服装设计、食品加工、出版等十分

---

[1] 陈朋：《美国家政学学科百年发展述评》，《中华女子学院学报》2015年第2期。

广泛的领域。由于美国家政学的实用主义倾向,家政学内部各个发展方向越来越细化、越来越分化,相互联系越来越少,家政学成为一个科学群的概称,20世纪90年代,家政学逐步更名为家庭和消费科学,美国家政学会也更名为美国家庭和消费科学学会。

(二) 由美国向东方的传播

美国家政学由于拥有较长的发展历史,拥有全国性的教育系统,拥有覆盖众多领域的职业门类,所以在理论和实践上都处于世界领先地位。当古老的东方国家准备开始进入现代化时,首选的学习对象之一就是美国。

1. 日本家政学

日本家政学的出现和发展是日本国家近代西化改革进程的一部分。江户幕府末期,统治腐败,封闭锁国,民不聊生,美国1853年率先把军舰开入了江户,1854年与日本签订了《神奈川条约》,用坚船利炮打开了日本的门户,获得了最惠国待遇。内忧外患之下,中下级武士要求改革的"尊王攘夷"运动开始,最后以失败告终。接着,更彻底的以推翻幕府为目标的倒幕运动轰轰烈烈地开始,并取得成功。随后,明治维新,一系列富国强兵、殖产兴业、文明开化的改革开始了。家政学就在文明开化、提倡学习西方社会文化和习惯、翻译西方著作的过程中来到了日本。明治维新中的教育改革更是直接推动了家政教育的发展。教育改革法令《学制》以从上到下的方式,全面设计编排了资产阶级性质的西式教育体系,将全日本划为8个大学区,各设大学1所;大学区下设32个中学区,各设中学1所;中学区下设210个小学区,各设小学1所,全面推行西式学校教育。在高等小学中开设面向男子的手工课,在女子学校、高等师范学校开设面向女子的家务、裁缝等实用技术的家政课程。这一时期的代表人物下田歌子[①]为贵族女性开设的女校设家政课传播家政学知识。1899年,东京女子高等师范学校设立技艺科,是日本正式设立家政高等教育机构的标志。

[①] 黄湘金:《从"江湖之远"到"庙堂之高"——下田歌子〈家政学〉在中国》,《山西师大学报》(社会科学版)2007年第5期。

1909年奈良女子高等师范学校设立家事科。

二战结束后，日本被美国占领和管制，接受了非军事化和美国式民主化的改造。教育体制与内容也进行了全面改组，废除原修身、缝纫和手工课，设社会科和家政科。中学开设技术家政科，大学开设家政科，规定家政为男女学生必修科目。1949年，日本家政学学会诞生。经过半个世纪的发展，日本家政学在中小学家政科的设置和研究、师资培养上已形成完备的体系。高等教育的家政学开设也很广泛，国立大学均设有家政学研究所，构建了健全的家政学学科系统。

2. 中国家政学

中国家政学，这里仅指现代家政学科学，出现于清末改革中，总体上分成两个阶段，第一阶段是清末到新中国成立，第二阶段是改革开放至今。

家政学在中国的出现，始于戊戌变法设西式学堂，继而开办的女子西式学堂。清末学习西方，开始关注女子教育，始兴西式女子学堂。1898年5月31日，中国女学堂在上海开学，标志中国西式女子教育拉开序幕。女学多仿日本，开设家政课。1902年，日本女教育家下田歌子[①]的《家政学》被翻译到中国，1903年清末新政中颁布的《奏定学堂章程》，即"癸卯学制"中，《奏定蒙养院章程》（《家庭教育法章程》）推荐书籍，赫然列有该书，可见当时女性家政教育的意愿之强。1904年，刚开办的香山女校将家政学写入该校学约，"家政之学，女校特科。整齐财政，实验卫生；教育幼稚，改良习惯。凡兹责任，维尔所负。一家虽微，国之分子；家庭立宪，群治之始"。1907年光绪帝颁布《奏定女子小学堂章程》和《奏定女子师范学堂章程》，家政学正式被纳入学校教育。女子小学堂设女红科，讲授家政知识，女子师范学堂设家事、裁缝、手工艺等科，并学习保育幼儿的内容。

进入民国，主张人人皆应受教育，女子教育蔚然成风。1912年颁布壬子癸丑学制，《普通教育暂行课程标准》规定中学课程女生加家政、裁缝科目。

---

① 黄湘金：《从"江湖之远"到"庙堂之高"——下田歌子〈家政学〉在中国》，《山西师大学报》（社会科学版）2007年第5期。

1919年北京女子师范高等专科学校（北京师范大学前身）首开家事科，后陆续有燕京大学、河北女子师范学院（河北师范大学前身）、福建华南女子文理学院、岭南大学、东北大学、四川大学、金陵女子文理学院（金陵女子大学）、福建协和大学、辅仁大学、国立四川女子学院、国立长白女子师范学院、震旦大学等十余所大学设立家政系。1922年的《学校系统改革案》提出注重生活教育的家政教育。1923年的《新学制课程标准纲要》规定高级中学分普通科和职业科，职业科有师范、商业、工业、农业和家事等科。

20世纪20年代之后，日本在中国的侵略步伐越迈越大，日军从开始侵略就有计划有目的地摧毁破坏大学等教育设施。1937年8月，国民政府特别会议讨论东部高校西迁；9月2日，教育部令沿海各公私立学校迁至内地上课。以私立南开大学、国立北京大学和国立清华大学组成联合大学西迁为代表，专科以上108所学校，77所迁移、6所停办、8所沦陷区办理，内地10所原地继续办学，其余西迁前毁于日本侵略轰炸。中学也有大量内迁，但中学数量庞大，迁移有限。中等学校和初等学校，在日本侵华战争中关闭过半。这一阶段仅有高等教育中的家政学一息尚存，其他教育机构中家政学相关教育消磨殆尽。[1]

抗战后，家政学未能得到恢复，1949年新中国成立后接收了国民政府遗留的教育系统，保存了家政学在高等教育中的建制。1952年，高校模仿苏联模式调整，撤销所有高校中的家政学。新中国的中小学也不再开设家政课。

20世纪80年代，非学历教育开始恢复家政学相关课程。1985年河南省妇女干校开办"女子家政班"；同年6月，大连开办"妻子家政班"。1986年，湖北武汉成立武汉家政研究中心。1988年春，武汉现代家政专修学校成立，这是新中国创办的第一所专门系统传授家政知识的学校，1997年升格为家政学院。2003年吉林农业大学和北京师范大学珠海分校开设家政学本科专业。2009年聊城大学东昌学院、2012年湖南女子学院开办家政学本科专业。2019年，河北师范大学开设家政学本科专业。截至2021年，不完全统计开设本科家政专业的大学有12所，专科层次的学校有30所。

---

[1] 宋恩荣：《抗战时期的教育西迁》，《河北师范大学学报》（教育科学版）1999年第3期。

2021年教育部专业目录修订，设置职业专科层次现代家政服务与管理专业，职业本科层次现代家政管理专业，普通本科层次家政学专业。研究生教育层次，吉林农业大学社会学硕士点设有家政与社会发展方向，河北师范大学设有家政学硕士点，南京师范大学社会学硕士点下设家政学方向。目前，高等教育中家政学学历学位系统的雏形已经形成，中等及以下教育中的家政课程在浙江、江苏、北京等省市部分学校呈点状分布。

3. 东亚其他国家和地区

东亚国家深受中华文化影响，近代发展均落后于西方。这些国家的家政学均始自美国，发展过程中由于国情不同，形成国别差异。

韩国家政学最早可以追溯到日据时期的梨花女子大学，1929年该学校设家政学系。20世纪50年代摆脱日本殖民统治后，韩国全面倒向美国，家政学发展直接学习美国。1964年，延世大学首设四年制本科家政学院，随后很多综合大学均设立了家政学院。20世纪70年代，某些大学开始设立家政学研究生课程，培养家政硕士、博士。受中国儒家文化影响，韩国较保守，家政学一直具有女性倾向。直到20世纪80年代韩国进入经济发展的"汉江奇迹"时代，90年代跻身发达国家行列，成为"亚洲四小龙"。人们普遍追求创造财富，女性也开始更多地走向社会，教育上抛弃家政，选择商学、法学等。90年代，随着民众生活水平普遍提高，经济发展速度趋稳。大众开始广泛关注家庭生活质量问题，与衣食住行和儿童教育有关的研究机构纷纷成立，各种家政职业教育蓬勃兴起。为满足社会需求，引导家政产业发展，韩国重新重视家政学，大力发展家政学。

1995年，韩国有160多所大学和145所初级学院提供家政学课程，累计培养18万名毕业生。90多所大学开设正规家政学专业或生活科学专业，其中29所大学设有家政学院。145所初级学院，半数设有正规家政学专业。家政学每年有4000多名大学毕业生和3600多名初级学院毕业生。女大学生超过10%学习家政学专业。

菲律宾的家政服务行业世界知名，背后是高水平的家政学教育。菲律宾曾经是美国的殖民地，深受美国影响。在殖民时期，菲律宾中学大多男女分校，女子中学十分重视家政课。1946年，美国宣布菲律宾正式独立，独立后的菲律宾经济得到恢复性发展，之后的经济总体发展并不稳定，70年代菲律宾将劳务输出作为国家一项重要经济政策，鼓励以"菲佣"为主的劳务输出。要支持这个庞大的国家产业，必须有足够强大的家政教育。全国2000多所大学几乎均设有家政学专业，其中一些名牌大学设有专门的家政学院。菲律宾大学作为规模最大、水平最高的国立大学，1961年设立家政学院，有7个学士学位专业：室内设计、服装工艺、社区营养、食品工艺、家政学、饭店餐馆管理和家庭生活与儿童开发；有5个硕士学位专业：家庭生活与儿童开发、食品服务管理、家政学、食品科学和营养学；有3个博士学位专业：食品科学、家政学和营养学。

中国台湾地区曾经被日本殖民统治，其家政学亦源自日本。二战中日本战败，台湾摆脱殖民统治进入迅速发展时期，家政学也得到了同步发展，20世纪50年代已开设台中、斗六、新营、曾文、台南5所家政女校。1953年留学美国科州大学的钱卓升受聘于台湾师范大学教育系主任，创立家政学系。自此，面向社会家政服务就业的家政学职业教育和高等学校的师资研究型家政学专业建立。随着台湾工商业60~70年代的崛起，传统的家政职业教育衰落，转型为专业化的职业教育，或提升为高等职业教育，大学中家政学硕士、博士等高学历研究型家政学人才受到欢迎，家政学的高学历专业建设得到壮大。

中国香港地区的家政学源自英国，其最早的家政学是从英国照搬过来的，对上层家庭的女孩进行持家技能教育。20世纪50~60年代，开始在小学和中学课程中开设家庭经济课程，教男孩管家技能，教女孩女红、烹饪、刺绣等，为将来从事家佣工作打基础。1978年起，香港普及九年义务教育，家政被列为初中阶段核心课程，一般只给女孩开设，但并未明文规定男孩不可以学。1997年香港回归，1999年开始为男孩提供家政教育。[①]

（三）世界其他国家和地区

现代科学的诞生始自近代，诸多条件中，社会生产力提高带来了财富积

---

① 汪志洪：《家政学教学参考书》，中国劳动社会保障出版社，2015。

累、新的资本主义生产关系带来了社会思想文化革新，以及形成了以科学研究为职业的科学家群体。家政学的诞生也遵循这个规律。

与家政学在美国诞生的总体轨迹一样，家政学在欧洲也有自发形成的源流。从世界范围的传播影响来看，一般认为美国家政学的影响更大，所以认为世界家政学的诞生地在美国。另外，欧洲家政学的总体内涵和发展的历史文化背景与美国相似，因此，两类家政学没有本质差别，只存在国别传统和社会文化倾向的不同。

英国家政学，在学科建设上受中世纪大学和贵族传统的影响，有较浓厚的贵族文化气息和宗教神学气息。被誉为家政精英摇篮的诺兰德学院，是满足贵族上层社会生活需求的典型。其高精尖的极致家政知识与技能是否与普罗大众的家政需要相匹配、是否值得推广借鉴，尚有待研究。英国的家政学在大众中传播，则是借助中小学的家政课程。

法国原本是欧洲贵族文化的源头，资产阶级革命彻底推翻了法国封建贵族，使英国的贵族式管家家政学这种社会文化在法国没有生存的土壤。法国在家政学的发展上，与美国的轨迹很相近。不同的是，职业教育方面，法国拥有详尽细致的职业证书制度，家政学的生活相关事物被细分为若干职业资格。

德国作为欧洲的主要国家，家政学的发展，除了具有与其他西方国家一样的贯穿幼儿园、小学、中学的家政素养课程，还有特点突出的职业学校。德国的双元制职业教育在世界范围内别具一格。家政学在德国职业院校中化身为职业教育，受到德国民众的欢迎。

欧洲其他国家的家政发展均有各自的发源地，在发展脉络上，因相互交流频繁，历史文化背景相似，与英法德这些代表性国家高度相似。

非洲等落后地区和国家，由于民众还挣扎在生存线上，按照家政学产生发展的规律，家政学在这些地方作用与价值有限，也缺少存在和发展的土壤。

四　结论

家政学的形成与发展深刻地展现了其作为现代科学组成部分的历史价

值与现代意义。第一，家政学是原始社会向现代社会发展，人类文明不断积累，在社会规模、物质财富和精神财富总量不断增长的情况下，社会组织和家庭组织从重合状态下逐渐分离的必然产物。社会组织和家族组织由于各自的复杂程度存在差异，在近代先是独立出了社会学，随后独立出了家政学。第二，家政学是社会与家庭之间互绕双子星关系变化的结果。古代是以家庭为中心的社会运行机制，以家庭为社会运行的基本组织单位，直到资本主义出现，社会化大生产替代了以家庭为单位的社会生产方式，社会自身开始替代家庭成为中心，原来家庭即社会、社会即家庭的治家理念和模式已经不再适用，家庭需要专门的学问来指导生活。第三，从科学文化发展的趋势上看，每个独立的社会生活领域不断丰富、不断复杂化、不断提高，造成的现实结果就是知识爆炸和信息过载，个人主要以家庭为界域生活，在这个层次上需要一门科学整合筛选过多的现代信息，探究不断进步的社会状态下家庭层面个人生活的特有规律，以优化个体生活。

（编辑：李敬儒）

On the Formation and Development of Home Economics from the Perspective of Social History

ZHAO Bingfu

(Heze Home Economics College, Shanxian County, Shandong 274300)

Abstract: There is a growing interest in home economics from all walks of life, and the perception and understanding of home economics were increasingly expanded towards broader perspectives and deepened further. In this exploration heat, home economics looks indefinable in the public view. The most convenient and accurate way to outline the looks of a discipline and identify its connotation and value is to comb and understand its establishment, formation and initial development. There is a lack the objective facts of social and historical development as a solid fulcrum in the relevant existing achievements, and there is no detailed logical clue to connect the historical fulcrums, which is too subjective and fails to reveal the value orientation and essential attributes of the discipline established in the formation and development of home economics.

Keywords: Home Economics; Connotation and Value; Subject Attributes

基于历史文化视角的家政思想发展探究

薛书敏

（聊城大学东昌学院，山东聊城 252000）

摘　要：传统家政思想是我国传统文化的组成部分，也是当前背景下进行新时期家庭建设的重要源泉。本文从宏观历史角度将我国传统家政思想发展演变划分为萌芽期、成形期、巩固期、变革期、重构期5个阶段。我国传统家政思想的基本特点具体表现为"重家庭，家国同构""重人伦，家和事兴""重礼节，长幼有序""重孝道，移孝作忠""重勤俭，忠厚传家""重自然，知足淡然""重家教，培养君子"。本文意在寻求一个以"家庭生活"为中心的视角，以期找到影响中国当今家庭发展走向的传统文化因子，为构建现代新型家庭模式提供理论依据。

关键词：家政思想；传统文化；家庭生活

作者简介：薛书敏，聊城大学东昌学院副教授，主要研究方向为家政学。

家政思想是指人们在家庭生活实践中形成的关于家庭生活方式、家庭伦理及理想家庭生活模式的思想。我国作为最古老的文明国家之一，以看重家庭和重视血缘关系而举世闻名，历来崇尚兴家治国。在当今时代背景下，我国传统家政思想仍然具有极高的实践价值，是当前我国家风家教建设的重要源泉，值得我们进一步研究和挖掘。本文拟从历史文化的角度，对我国传统家政思想做简要探讨。

一　家政思想及其发展演变

政即"治理""处理"，所谓"家政"最初被理解为家庭事务的管理活动。人们在一定文化影响下，基于家庭中共同生活及处理家庭事务的实践，总会形成一些具有指导作用的行为准则及思想认识。家政思想来源于家庭生活的实践，是关于家庭生活的思想认识与理想模式；反过来，家政思想对家庭生活实践又起到理论指导作用。自从有了家庭就有了家政，有了家政就有了家政思想，家政思想是随着家庭的产生而产生的。在漫长的历史长河中，我国家政思想随着时代背景及家庭生活形态变迁而发生变化。不同国家和地区、不同时代、不同文化背景下的家政思想具有别样的色彩。①

从内容上看，家政思想包含家庭日常生活方式、家庭伦理、理想家庭生活模式的构想3个方面内容。家庭日常生活方式指人们在家庭生活中形成的物质资料消费方式和精神生活方式。家庭伦理指家庭中人与人之间的关系及家庭美德规范。理想家庭生活模式是指人们对理想家庭生活的憧憬和向往，是在一定文化背景下对"应然"的家庭状态的构想与认知。史学家希尔顿说过："如果从底层往上看，而不是从上面看社会，我们就可能获得对整个社会或国家较为确切的图景。"② 家政思想关乎家庭柴米油盐、衣食住行等物质层面，也关乎家庭关系等精神层面，是研究人类家庭生活的重要资源。我国丰富的传统文化中蕴含着丰富的家政思想，零散地出现在家训类、哲学类、历史类、文学类等著作当中。比如《论语》《道德经》《红楼梦》《闲情偶寄》《曾国藩家书》《颜氏家训》等著作中蕴含着丰富的家政思想。家政思想是构建中国特色家政学学科的理论渊源，也是当前背景下进行新时代家庭建设的理论基础。

我们可以从历史发展、学术流派、代表人物和典型著作等角度对家政思想加以解读。受时代背景的影响，不同时期的中国人民在家庭生活实践中形成了不同的家政思想认识，呈现不同的家庭生活面貌。本文从历史宏观的角度，尝试对我国家政思想发展演变进行分析。

第一阶段为萌芽期，具体时间为原始社会到夏商周。原始社会初期，

---

① 赵燕平：《从〈颜氏家训〉看中外家政思想之异同》，《吉林广播电视大学学报》2006年第5期。

② 庞卓恒：《让马克思主义史学弘扬于国际史坛——访英国著名马克思主义史学希尔顿》，《史学理论》1987年第3期。

人类在群居的生存状态下共同进行衣食住行等物质生活探索。原始社会后期，随着私有制的出现和人类婚姻形态的变化，父系血缘得以确定，家庭这一组织得以诞生并趋于稳定。人类逐渐从原始群居生活向独立的家庭过渡，开始探索在家庭组织下的日常生活模式和家庭伦理关系，我国家政思想在本时期出现了萌芽。夏商周时期，生产力和物质文明进一步发展，人们为了巩固父权制大家庭利益，在聚族而居的生活中，衍生出各种家族观念及伦理要求，开始塑造家庭精神文明。

周朝奉行孝道和"孝（教）化天下"，一方面维护了宗法制度，另一方面促进了中国家庭伦理制度的形成。人类朴素的本源性情感与社会时代的结合，形成了中国化的家庭孝道和悌道。

《仪礼》《礼记》等书的记载反映出富有中国特色的血缘宗族内部家庭礼节已经初步形成，家庭冠笄、婚姻、丧葬、祭祀等都有一系列规范。另，据《礼记》记载："是以古者，妇人先嫁三月，祖庙未毁，教于公宫；祖庙既毁，教于宗室，教以妇德、妇言、妇容、妇功。"[①]《诗经》中"桃之夭夭，其叶蓁蓁。之子于归，宜其家人"[②]的书写，表明当时的社会已经重视对女子的家政教育了。

第二阶段为成形期，具体时间为春秋战国到汉朝。春秋战国时期，我国由古典社会形态向传统社会形态转型。本时期在我国家政思想发展史上也是承前启后的一个阶段，铁器和牛耕的广泛使用使家庭个体经济成为可能，小家庭从血缘宗族集团中逐渐脱离，初步形成了男耕女织的小农经济家庭生活模式。编户齐民政策更使家庭从政策上脱离了家族的控制，统归国家机构管理。这些因素都促使小家庭成为国家之外的另一极存在。同时，《孝经》《列女传》等书的问世标志着家庭亲子伦理及夫妇规范的形成。

汉初，"君以尊祖敬宗、守卫宗庙社稷"为主要精神内涵的家族孝悌伦理开始向孝敬个人父母、恭顺兄长的小家庭伦理转变。个人对家庭应尽

---

① 胡平生、陈美兰译注《礼记·孝经》，中华书局，2017，第238页。
② 王秀梅译注《诗经》，中华书局，2016，第11页。

的责任和义务更多的是一种个人道德主体的自觉,这构成了中国家庭关系特有的温馨场景。古典时期讲"礼不下庶人",而本时期的"礼"开始普及到了庶民家庭。汉代,我国社会趋于稳定繁荣,家庭生活模式趋于成熟,我国家政思想模式也基本定形,并在民间社会实践与确认,中国特色的家庭模式与家政思想特质开始固定下来。

第三阶段为巩固期,具体时间为魏晋至清末。我国家政思想自从汉代定形以后,在漫长的封建社会中,不断在意识形态领域加以巩固并以教条化的态势固定下来。纵然是朝代更迭、历史变迁,中国人的家庭生活模式始终在自我封闭的情况下一贯地延续。以"孝"为核心的家庭伦理、"男主外、女主内"的家庭分工、小农经济下稳固的家庭经济管理制度,使得家庭成为与国家相对独立的另一端,在我国社会政治制度中发挥着特有的作用。

另外,历经数百年的发展,某些家庭伦理纲常走向了极端,其反面作用日益凸显。过度强调"以顺为孝",强调家长的绝对权威,压抑了孩子的个性。如《二十四孝图》的流行是我国家庭孝文化高度发展的产物,其中有一些内容扭曲了孝亲思想,如《二十四孝图》中的"埋儿奉母"。

元律规定:"诸父有故殴其子女,邂逅致死者,免罪。"又据明清律:如果子孙违反教令,祖父母、父母"依法决罚,邂逅致死及过失杀者,各勿论"[①]。明清时期,宗法宗族制度对妇女婚姻生活的消极作用尤其大,主要表现在:婚前剥夺女子受教育权利;婚约的缔结主要从宗族利益考虑;婚后生活受到夫权、族权的严格控制;强迫妇女守节。[②]

第四阶段为变革期,具体时间为民国至新中国成立。民国时期,随着西方文化的影响及商品经济的发展,传统家政思想体系受到冲击,传统家庭生活方式与西方生活方式并存,人们的家庭生活出现了新旧并呈、中西

---

① 吕虹、王泉:《试析影响中国古代民法生成及发展的文化因素——以中国传统文化为视角》,《理论导刊》2006年第8期。

② 张弘、靳力:《宗法宗族制度下明清时期的妇女婚姻生活》,《中华女子学院山东分院学报》2001年第2期。

杂糅的多元局面。① 家庭的兴衰见证着时代的变迁，20 世纪 30 年代，经济的衰败导致大量男性失去工作，许多女性开始外出寻求女红之类的工作。"家庭经济衰败对家庭的影响不仅仅表现为物质的困窘，同时也表现为对原有的家庭关系的冲击。经济问题导致了各种家庭问题增多，矛盾激化。生存的压力甚至逼迫人冲破了道德的底线。亲情伦理也因此遭遇了极大的挑战。"② 这个阶段，在各种社会团体的号召下，摆脱旧家庭的束缚、追求个人自我解放的呼声越来越高。

第五阶段为重构期，具体时间为新中国成立后至今。新中国成立后，我国政府出台了一系列法律和政策以促进家庭新型关系的重新建构。70 多年来，我国人民不断解放生产力、发展生产力，创造了中国经济发展的巨大奇迹，家庭居民财富也在不断增长。同时，我国人民在社会主义核心价值观指导下，不断破除家政思想传统中的消极因素，实现家庭领域传统与现代的不断融合。进入 21 世纪，随着物质生活水平的提高，我国家庭生活模式现代化趋势明显，现代科技带来了家庭关系新的表达方式。家庭呈现出"维系共同体稳固和追求个体自由并存的新特征"③。本阶段家庭逐渐变小，以核心家庭为主。亲子关系和婚姻关系趋于平权化，生育观及家庭教育也走向了现代化。我国家政思想的现代化重构，"为构建健康、平等、文明、幸福的新时代家庭迈出了关键性一步"④。

二 传统家政思想的表现特征

综合来看，我国家政思想具体表现为以下 7 个方面的特点，构建了富有特色的生动家庭生活实践。

---

① 左玉河编《民国社会生活史》，广东人民出版社，2019，第 76~77 页。
② 吕洁宇：《民国时期的家庭形态的嬗变与中国现代小说》，《长江师范学院学报》2017 年第 3 期。
③ 赵晶晶：《现代家庭的伦理承载力——基于 2017 年全国道德调查的实证分析》，《道德与文明》2019 年第 3 期。
④ 薛书敏：《民国时期家政思想探究》，《人民论坛》2013 年第 7 期。

(一)重家庭,家国同构

《大学》载:"古之欲明明德于天下者,先治其国;欲治其国者,先齐其家。"① 由此可见,中国人对于家庭的重视。"家是最小国,国是千万家",在中国人的心目中,家与国是息息相关、密不可分的,家庭荣辱兴衰同国家的发展命运是紧密相连的。没有国,家就会失去保护;没有家,国也是一个空壳。我国传统社会的社会治理和政治制度都是基于家族的,国家是家族的扩大。

在家庭或家族内部,父亲为尊,在家庭中为家长;从国家的角度,君主至尊,为"大家"的家长。各级行政官员也被百姓视为父母。百姓要像对待自己父母一样对待君主,同时君主也要体恤自己的百姓,就像爱护自己的孩子。儒家认为,为君者要以民为基础,民比君更加重要,要设身处地为民着想,使人民安居乐业。

(二)重人伦,家和事兴

在中国传统社会早期,人们的劳作是以家族为单位的"协田",血缘关系便成为人们重要的人际关系。儒家认为,建立以"仁"为主要精神的血缘亲族关系可有助于形成稳定的家庭社会结构。《家范》载:"夫人爪之利,不及虎豹;膂力之强,不及熊罴;奔走之疾,不及麋鹿;飞飚之高,不及燕雀。苟非群聚以御外患,则反为异类食矣。是故圣人教之以礼,使之知父子兄弟之亲。人知爱其父,则知爱其兄弟矣;爱其祖,则知爱其宗族矣。如枝叶之附于根干,手足之系于身首,不可离也。"② 强调家人之间是出自同一祖先血脉,要互相保护才能够强大。中国人认为,个人修养是由内及外、推己及人的,从独善其身到兼善天下,强调要人和、家和,亲友邻居和睦相处,推及"四海之内皆兄弟",最后到达国家的高度。大家只有勠力同心,国家才可以稳固,才能不被外敌侵犯。

---

① 王国轩译注《大学·中庸》,中华书局,2016,第7页。
② 司马光:《家范》,北方妇女儿童出版社,2001,第19页。

在这种文化背景下，中国家庭强调"亲亲"，亲其所亲、仁爱礼让、和睦亲族、相敬如宾、以和为贵、家和万事兴。颜之推云："兄弟者，分形连气之人也。方其幼也，父母左提右挈，前襟后裾，食则同案，衣则传服，学则连业，游则共方，虽有悖乱之人，不能不相爱也。"① "香九龄，能温席""融四岁，能让梨"的故事一直流传到今天。

（三）重礼仪，长幼有序

中国传统家庭伦理除了"亲亲"外，还具有"等级"的特点，强调家庭伦理中要重身份，有规矩，尚恭顺。"夫礼者，所以定亲疏、决嫌疑、别同异，明是非也。"② 每个人在家庭都有所居地位的名义和所应有应尽的职分。在传统家庭的日常生活中，从人们的衣食住行、婚丧嫁娶、生老病死，直到待人接物都有一套严格的等级标准和秩序规则，轻易不得逾越。比如，家庭居室中东西两侧的卧室也有尊卑之分，东侧为尊，西侧为卑。

中国家庭要求"君为臣纲、父为子纲、夫为妻纲"，强调父慈子孝、兄友弟恭、夫和妻柔、姑慈妇听的伦理关系，并以礼来规定家庭中人与人之间的行为规范，每个人要做符合个人家庭身份的事情，维持家庭秩序。中国传统文化中有五礼之说，祭祀之事为吉礼，冠婚之事为喜礼，宾客之事为宾礼，军旅之事为军礼，丧葬之事为凶礼。传统家庭对各种礼节是非常重视的，比如说婚礼，"君子重之""敬慎重正昏礼也"，要求"是以昏礼纳采，问名，纳吉，纳征，请期，皆主人筵几于庙，而拜迎于门外"③。在各种家庭礼仪中，格外讲究长幼有序，单说宾客饮食礼仪，宴席上的座次、上菜的顺序、劝酒敬酒的礼节，都有男女、尊卑、长幼关系上的要求。

（四）重孝道，移孝作忠

仁是儒家学派的核心思想，而仁的基本思想就是要孝敬长辈。孟子曰："事孰为大？事亲为大。"中国人认为，孝顺之心是作为人最起码的道

---

① 颜之推：《颜氏家训》，北方文学出版社，2019，第17页。
② 胡平生、陈美兰译注《礼记·孝经》，中华书局，2017，第18页。
③ 戴圣著，傅春晓译注《礼记》，辽宁人民出版社，第355页。

德要求，强调家庭的伦理责任与义务。传统家庭中关于孝道有很多具体的要求，"孝子之事亲也，居则致其敬，养则致其乐，病则致其忧，丧则致其哀，祭则致其严。五者备矣，然后能事其亲"①。父母去世后，对丧事也是有具体的要求。曾子曰："慎终，追远，民德归厚矣。"②慎终，须以葬礼治理丧事，做到"丧尽其哀"；追远，丧礼过后，须按照礼法追念祭祀，须做到"祭尽其敬"。关于何为"不孝"，也有具体的要求。如《离娄章句下》载："世俗所谓不孝者五，惰其四支，不顾父母之养，一不孝也；博奕好饮酒，不顾父母之养，二不孝也；好货财，私妻子，不顾父母之养，三不孝也；从耳目之欲，以为父母戮，四不孝也；好勇斗狠，以危父母，五不孝也。"③

《孝经》记："君子之事亲孝，故忠可移于君"，认为君子在家要孝敬父母，在外要忠于国家。南宋名将岳飞为我国历史上著名的军事家、战略家。岳飞也是有名的孝子，他把母亲姚氏接到军营守在自己身边。当母亲生病时，岳飞亲尝汤药，跪送榻前。岳飞认为，如果不能做到对母亲孝敬，那么也就无法做到对国家忠诚。这种忠孝一体的观念，塑造了岳飞的高尚人格。

（五）重勤俭，耕读传家

中国人常讲"疏懒人没吃，勤俭粮满仓""勤俭二字黄金本，几个懒惰把家成""一粥一饭，当思来之不易；半丝半缕，恒念物力维艰"，告诫家人家庭管理要勤奋节俭。"常将有日思无日，莫到无时思有时""细水长流，吃穿不愁""晴天开水道，须防暴雨时""宜未雨而绸缪，勿临渴而掘井"强调了过日子要居安思危，细水长流。这些都是我国在传统家庭经济管理方面的宝贵经验。

《武王家教》是我国最古老的治家格言，通过武王与太公的对话来强调勤与俭的重要性。其指出"家有十恶"是家庭不能富裕的原因，具体

---

① 兆玉译注《孝经》，中国友谊出版公司，第355页。
② （魏）何晏注，（宋）邢昺疏《十三经注疏·论语注疏》，北京大学出版社，2000，第10页。
③ 孟子著，李郁编译《孟子》，三秦出版社，第85页。

为："耕种不时为一恶，用物无道为二恶，早卧晚起为三恶，废作吃酒为四恶，畜养无用之物为五恶，不惜衣食为六恶，盖藏不牢为七恶，井灶不利为八恶，贷取倍还为九恶，不作燃灯为十恶。"《司马氏居家杂仪》蕴含着丰富的家庭经济管理思想，文章云："凡为家长，必谨守礼法，以御群子弟及家众。分之以职，授之以事，而责其成功。制财用之节，量入以为出，称家之有无以给。上下之衣食，及吉凶之费，皆有品节而莫不均壹。裁省冗费，禁止奢华，常须稍存赢余，以备不虞。"①

"忠厚传家久，诗书继世长"是很多中国家庭的家风家训和家庭理想，认为只有忠实厚道的家庭才能经久不衰，就像诗和书能够在世间流传如此长久。曾国藩云："居官不过偶然之事，居家乃是长久之计"②，他希望为国效力的同时，要建立具有"考、宝、早、扫、书、蔬、鱼、猪"③的勤俭耕读之家。明朝郑氏家族以孝义治家，忠厚传家，朱元璋赐郑家以"江南第一家"的美称。其家训《郑氏规范》告诫子孙要"和待乡曲，宁我容人，毋使人容我"④，强调后世子孙做忠厚之人。我国很多家训都强调在乡亲邻里之间要多多体恤孤寡、救难怜贫。

（六）重自然，知足淡然

中国人认为，人类要按照自然规律行事，不要凌驾于自然之上。孟子提出："不违农时，谷不可胜食也。数罟不入洿池，鱼鳖不可胜食也。斧斤以时入山林。林木不可胜用也。谷与鱼鳖不可胜食，林木不可胜用，是使民养生丧死无憾也。养生丧死无憾，王道之始也。"⑤ 这种朴素的家庭

---

① （宋）司马光：《司马氏居家杂仪》，载《中国的家法族规》，上海社会科学院出版社，2002，第255页。
② （清）曾国藩：《曾国藩家书》，北京燕山出版社，2010，第126页。
③ （清）曾国藩：《曾国藩家书》，北京燕山出版社，2010，第126页。曾国藩在咸丰十年闰三月二十九日与澄侯书中说："余与沅弟论治家之道，一切以星冈公为法。大约有八字诀。其四字即上年所称'书、蔬、鱼、猪也'，又四字则曰'早、扫、考、宝'。早者，起早也。扫者，扫屋也。考者，祖先祭祀，敬奉显考、王考、曾祖考，言考而妣可该也。宝者，亲族邻里，时时周旋，贺喜吊丧，问疾济急。星冈公常曰：'人待人，无价之宝也。'"
④ 郑强盛注译《郑氏规范》，中州古籍出版社，2016，第43页。
⑤ 孟子著，万丽华、蓝旭译注《孟子》，中华书局，2010，第5页。

生活理想就是建立在人类与自然和谐相处的可持续发展理念之上的。按照农时耕种，粮食就吃不完；密网不下到池塘里，不影响鱼的生长和繁殖，鱼肉就吃不完；按一定的时令采伐山林，木材就用不完。然后，"耆老甘味于堂，丁男耕耘于野"①，家庭生产和消费井然有序，家庭就是幸福的。

中国人的理想家庭生活是见素抱朴的、淡泊宁静的、知足常乐的。《孟子·梁惠王》记载中国人的理想家庭："五亩之宅，树之以桑，五十者可以衣帛矣；鸡豚狗彘之畜，无失其时，七十者可以食肉矣；百亩之田，勿夺其时，数口之家，可以无饥矣；谨庠序之教，申之以孝悌之义，颁白者不负戴于道路矣。七十者衣帛食肉，黎民不饥不寒。"② 五亩之宅、百亩之田、不饥不寒、老有所养、幼有所育，足矣！老子曰："祸莫大于不知足，咎莫大于欲得。故知足之足，恒足矣。"③ 我们要在物欲声色面前"去甚、去奢、去泰"。陶渊明《归田园居》描述了"方宅十余亩，草屋八九间。榆柳荫后檐，桃李罗堂前"④ 的无拘无束的田园之乐，是许许多多中国人的家庭理想。

（七）重家教，培养君子

中国是非常重视家庭教育的国家。"谢太傅寒雪日内集，与儿女讲论文义。俄而雪骤，公欣然曰：'白雪纷纷何所似？'兄子胡儿曰：'撒盐空中差可拟。'兄女曰：'未若柳絮因风起。'公大笑乐。"⑤《咏雪》描述了谢安在下雪天给孩子们讲解诗文的亲子场景。

做君子是中国传统社会读书人的终极理想，在中国传统家庭，教育子孙做重德修身的君子为家教第一要务。曾国藩为晚清重臣，官至两江总督、直隶总督、武英殿大学士，封一等毅勇侯。在家书中他常告诫子弟，"盖士人读书，

---

① 王利器校注《新语》，中华书局，1986，第118页。
② 孟子著，万丽华、蓝旭译注《孟子》，中华书局，2010，第5页。
③ （魏）王弼注，楼宇烈校释《老子道德经注校释》，中华书局，2008，第27页。
④ 袁行霈：《陶渊明集笺注》，中华书局，2003，第76页。
⑤ （南朝宋）刘义庆著，杨美华译注《世说新语》，天地出版社，2017，第22页。

第一要有志，第二要有识，第三要有恒"①。曾国藩对子侄晚辈的要求都极其严格，绝不为子女谋求"特殊化"待遇。他指出："银钱田产，最易长骄气逸气，我家中断不可积钱，断不可买田，尔兄弟努力读书，决不怕没饭吃。"在曾国藩家庭教育的影响下，其子孙后代多为国家栋梁之材。

传统中国父亲往往会根据自己的生活经验及一些优秀品质教育子女为人处世的道理，并以《诫子书》或《家训》的方式代代相传。宋朝时期，包拯任监察御史，执法不阿，其撰写的家训云："后世子孙仕宦，有犯赃滥者，不得放归本家；亡殁之后，不得葬于大茔之中。不从吾志，非吾子孙。"② 包拯要求子包珙将本段话刻在石碑上，以告诫后代子孙。北宋时期，杨家将三代血战报国的事迹为后人所传扬。欧阳修在《供备库副使杨君墓志铭》中写："父子皆为名将，其智勇号称无敌，至今天下之士至于里儿野竖，皆能道之。"③

三 传统家政思想的当代价值

在漫长的历史时期，我国形成了富有中华民族特色的家庭生活方式和家庭文化，形成了独具特色的家政思想体系。这些传统的家政思想是我国传统文化的一部分，其中有与当今时代脱节的地方，但传统不等同于落后。我们要用综合创新的精神，对传统家政思想进行继承、改造与融会贯通，实现传统与时代的有机结合。我国传统家政思想既可以为解决今日国人家庭问题提供借鉴的经验，又可以为从事家政学研究的学者提供历史性启发和参考，具体体现在以下几个方面。

（一）家庭生活理念方面

人类的生活包括社会生活和家庭生活，其中家庭生活是人类幸福的主要源泉。过一种什么样的家庭生活，是千百年来人类一直探索和追寻的话

---

① （清）曾国藩：《曾国藩家书》，北京燕山出版社，2010，第9页。
② （元）脱脱等撰《宋史》，中华书局，2011，第10318页。
③ （宋）欧阳修著，李逸安点校《欧阳修全集》，中华书局，2003，第444页。

题。家庭生活观是指导人们家庭生活方式的思想观念,包括幸福观、理财观、养生观、伦理观等。健康科学的家庭生活观念,有助于建立良好的家庭生活秩序和家庭管理体系,提高个人家庭幸福指数。现代市场经济为家庭提供了物质生活及各种便利,使人们从繁忙的家务劳动中解脱。然而,现代家庭的新问题和频发的家庭冲突却时刻困扰着人们,离婚率上升、婚外恋频现,轻老重幼的家庭关系、年长者乏人奉养等现象屡见不鲜。反观传统中国家庭生活观念有许多值得借鉴的地方。传统家庭生活观念是重人伦情感的、宁静和谐的、重培养君子的、重义轻利的、轻物质重精神的、抑财而崇德的、强调民族大义的。孔子称赞颜回的生活态度云:"一箪食,一瓢饮,在陋巷,人不堪其忧,回也不改其乐。"[1] 老子云:"五色令人目盲;五音令人耳聋;五味令人口爽。"[2] 提倡过一种简朴的生活,强调清心寡欲、知足常乐的家庭消费态度。《素问·上古天真论》中说"法于阴阳",指出人要主动适应四时气候来养护身体,适应四时节令养生。

(二) 家庭伦理关系方面

现代社会人类家庭的形态、结构与功能已经发生很大的变化。人类社会赋予家庭的一些外在政治、经济功能已经极度弱化,现代家庭由强调义务型家庭转向以感情为主的生活型家庭,家庭正在变为纯私人情感表达空间,现代生活方式又给予家庭关系新的内涵与表达方式。现代家庭伦理的建构中出现的个人主义、功利主义、享乐主义给青少年的成长、家庭的稳定、社会的和谐一度带来很大的威胁。古人认为,家庭和睦是家道兴盛、光耀门楣的基础和保证。我国家庭自身的精神价值依然强大,传统家庭关系中的百善孝为先、仁爱礼让、举案齐眉、兄友弟恭、耕读传家等优良传统依然熠熠生辉。这些人间血缘情义与守望相助都蕴含着中华民族最深沉的精神追求,对于今日家庭伦理关系和社会秩序的建构仍具有较大意义。在社会主义核心价值观的指导下,对这些传统家庭关系赋予现代诠释和价

---

[1] (魏) 何晏注,(宋) 邢昺疏《十三经注疏·论语注疏》,北京大学出版社,2000,第83页。
[2] (魏) 王弼注,楼宇烈校释《老子道德经注校释》,中华书局,2008,第27页。

值提升后，将会对我国当代家庭伦理构建发挥重大的推动作用。

（三）家庭教育方面

家庭教育是学校教育的有效补充，也是家庭建设的重中之重。家庭教育的好坏不但关系着家庭的兴衰，而且事关国家与民族能否复兴。现代家庭教育可借鉴传统家庭教育的地方很多。古人云："立家在德业，兴家在子孙"，认为教诲子女是兴家立业的根本，也是效忠国家之道。孟轲、曾参、岳飞等历史名人的成长都与良好的家教有关。在传统家庭教育中，长辈着重对下一代的道德教化，培养其成长为具备"孝悌忠信，礼义廉耻"的君子。明人高攀龙在其《家训》中指出，做人首先讲求一个"义"字。左宗棠在晚年将个人财产全部捐了出去，他认为对子孙而言，"贤而寡财"比"蠢而多财"好得多，并立族训"要大门闾，积德累善；是好子弟，耕田读书"于湘阴左氏公祠门上。古人强调对晚辈进行家庭劳动教育，强调经世应务之教，鼓励子弟学习和掌握一些具体的劳动技能，以便于自食其力。宋代爱国诗人陆游就有"时时语儿子，未用厌锄犁"的诗句。根据社会发展的时代新要求和国家发展的现实新需要，继承和发扬传统家庭教育思想中的优秀遗产，对于构建更加科学有效的现代家庭教育体系具有较大意义。

（四）家庭管理方面

家庭是指在婚姻关系、血缘关系或收养关系基础上产生的，以情感为纽带，亲属之间所构成的社会生活基本单位。家庭是幸福生活的一种存在，并发挥着人口再生产、物质消费及精神滋养的主体性功能。科学管理家庭，对家庭基本资源进行有效管理，方可实现家庭良性运转，不断提升幸福指数。传统家政思想中蕴含着丰富的家庭管理经验，至今仍然具有指导意义。在家庭事务管理方面，传统家庭注重家庭人员安排与各项事务的组织，并通过适当的仪式行家规之教化。在家庭经济管理方面，古语有云："一年之计在于春，一日之计在于寅""君子爱财，取之有道""细水长流，吃穿不愁""宜未雨而绸缪，勿临渴而掘井""家有万贯，不如日进分文"等，强调在家庭经济管理中要做好男女分工，树德持家、勤俭节约、注重积累、居安思危。

结　语

党的十八大以来，习近平总书记强调：不论时代发生多大变化，不论生活格局发生多大变化，我们都要重视家庭建设，注重家庭、注重家教、注重家风。[①] 家庭关乎每个人的幸福，也是社会主义核心价值建设的重要起点。学习传统家政思想的基本要义，充分重视和发挥我国传统家政思想的科学认知和实践意义，能为今日创造健康美好的家庭生活提供重要的理论源泉。我们要在去粗取精、去伪存真的基础上，充分汲取优秀家庭传统文化的精神营养，建立与社会主义核心价值观相适应的、与新时代发展相适应的新型家庭文化。通过对当前家庭问题进行理性思考和道德哲学反思，建立自由、平等、人本化、与时俱进的家庭秩序，建立良好的家庭生活方式，体现家政思想的传统性、时代性、民族性的有机融合与统一。

（编辑：王婧娴）

Research on the Development of Home Economics Thought from the Perspective of History and Culture

XUE Shumin

(Dongchang College, Liaocheng University, Liaocheng, Shandong 252000)

Abstract: The traditional thought on home economics is an integral part of Chinese traditional culture, and it is also an important source for family

---

[①] 潘婧瑶、董婧：《从"家风"传承看习近平如何齐家治国范》，人民网，2016年2月17日。

construction in the new era. This paper breaks the evolution of traditional Chinese home economics thought into five stages from the macro-historical perspective: infancy, forming stage, consolidation stage, transformation stage and reconstruction stage. The basic characteristics of Chinese traditional home economics thought include "valuing the family and the co-construction of the family and the state," "valuing human relations and harmony at home brings prosperity," "valuing etiquette and the respect for the seniority," "valuing filial piety and turning filial piety into loyalty," "valuing hardworking and thrifty and the family legacy of loyalty and honesty," "valuing nature and being contented with a peaceful mind," "valuing family education and cultivating noble character and moral integrity." This paper aims to find a perspective centered on "family life" to identify the traditional cultural factors that affect the development trend of families in China today, and help building a modern new family model.

Keywords: Home Economics Thought; Traditional Cultare; Famlly Life

• 国际视野 •

英国托育服务体系研究：特征、挑战及启发*

梁悦元　何艺璇

（河北师范大学家政学院，河北石家庄 050024）

摘　要：近年来，托育服务的发展受到重视，成为我国国家政策推动的重点领域之一。英国托育服务起步早、发展迅速，在法律保证、管理体系、师资配备、资金保障、社会监督5个方面形成了较为完善的体系，其机构种类多样、课程框架完整、教学方法多元，且重视儿童发展，但其在当前发展中面临保育费用上涨、儿童保育服务充分性下降及保育服务提供者的可持续性变差的问题，给托育服务的发展敲响了警钟。为避免上述问题，我国托育体系的建设应加强法律保障，完善法律法规，明确主体责任和权利；注重政府引导，提升服务质量，建立多元化托育服务体系；加强人员配备，建立培训体系，提高托育服务专业水平；完善财务管理制度，确保财务安全；完善信息公开和监督机制，加强社会监督。

关键词：托育服务；英国托育；儿童保育

作者简介：梁悦元，河北师范大学学前教育系硕士研究生，主要研究方向为幼儿教育与教学、托育服务体系建设；何艺璇，河北师范大学学前教育系硕士研究生，主要研究方向为幼儿教育与教学、托育课程理念与实践。

英国托育服务系统为0~5岁的婴幼儿提供专业的教育和照护支持，其服务机构种类繁多，包括托儿所、幼儿园、儿童活动中心、家庭托管机构等，能够满足不同需求的儿童，给家长提供方便。托育服务也为儿童提供了良好的成长环境，促进儿童身心健康发展。此外，托育服务助力社会经济发展，缓解人口老龄化，鼓励妇女就业，增强了社会的人口活力。一方

---

* 本文为河北省家政学会2023年度一般课题"英国托育课程体系研究及启示"（项目编号：JXYB20230022）成果。

面,托育服务行业需要大量的从业人员;另一方面,托育服务行业创造了新的就业机会,衍生了许多相关产业,如儿童玩具生产、教育培训等,从而进一步促进经济发展。近年来,英国政府持续加大对托育服务的投入力度,通过各种补助计划,鼓励更多的机构和个人提供托育服务。目前,英国托育服务在法律保证、管理体系、师资配备、资金保障及社会监督5个方面形成了较为完备的体系。

一 英国托育服务体系

(一)法律保证

英国托育服务法律体系从不同角度保障儿童和家庭的权益,在托儿机构、托儿环境、劳工关系、儿童利益等方面做出明确规定。《1989年儿童法案》(Children Act 1989)规定了家庭和社区应关注儿童的需求,确保儿童能够得到必要的照顾、支持和保护;① 1998年《确保开端项目》(Sure Start Programme)在早期教育、儿童保育、家庭支持和医疗卫生4个方面提出了具体的措施和方法;②《2006年儿童保育法》(Childcare Acts 2006)为英格兰和威尔士地区的托儿所提供监管框架,对托儿所的注册、运营及质量标准等做出规定,确保儿童能够获得高质量的教育和保育;③《2014年儿童和家庭法案》(Children and Families Act 2014)在英格兰和威尔士实施,强调重视儿童的需求和权益,为英国儿童和家庭提供更全面的保障的同时,也为加强家庭亲子关系、推进社区服务优化提供了制度保障。④

(二)管理体系

英国的托育服务管理体系注重多方面的管理和监督,包括托育机构、

---

① https://www.legislation.gov.uk/ukpga/1989/41/contents.
② 易凌云:《英国早期教育政策与实践的现状及其对我国的启示》,《湖南师范大学教育科学学报》2016年第6期。
③ https://www.legislation.gov.uk/ukpga/2006/21/contents.
④ https://www.legislation.gov.uk/ukpga/2014/6/contents.

托育教师、服务质量等,旨在确保儿童和家庭得到高质量、安全、可靠的托育服务。所有托儿所必须在英格兰的 Ofsted、威尔士的 CIW 和苏格兰的 Care Inspectorate 进行注册,独立学校的附属托儿所除外(这些托儿所由独立学校监察机构进行检查)。在北爱尔兰,托儿所由健康和社会关怀(HSC)信托基金内的早期团队检查,此类机构负责审核托育服务机构的注册申请并且会定时检查和检测已注册的托育服务机构,确保其符合相关法规和标准。[①] 英国政府重视社区托儿所员工的资格认证和管理,获得相关资格认证及其他培训证书是从事托育工作的前提;同时规定了员工的工作时间、假期、待遇等标准保障员工权益。

英国政府要求托育机构必须提供高质量的托育服务,包括照顾、教育、安全等方面,设立专门机构负责评估和检测托育服务的质量,对不符合标准的机构进行纠正和惩罚。为了鼓励托育机构提供多样化的托育服务,政府支持在社区中心开展儿童活动、提供游戏和玩具以及额外的艺术课程。此外,英国政府为提高托育机构服务的透明度,规定托育机构必须向公众公开其服务质量、员工证书、投诉处理程序等信息。

(三)师资配备

英国托育服务中的人员配备体系相对完善,从业者需要获得相关的资格证书、培训和发展机会,同时接受监管和评估,以确保高质量的托育服务。1998 年 11 月成立了国家早期教育培训组织(the Early Years National Training Organization, NTO),NTO 与资格与课程认证部门(Qualification & Curriculum Authority, QCA)合作,面向学前教育(0~8 岁)领域中的所有从业人员(不仅仅是教师)提供培训,把所有能够提供学前教育培训的机构组织在一起,形成全国性的合作网络,提高托幼机构从业人员的专业化水平。[②] 2013 年 9 月,英国教育部正式实施《早期教育教师标准》[Teachers' Standards (Early Years)],作为"早期教育教师"资格培养的

---

① https://www.daynurseries.co.uk/advice/early-years-facts-and-stats.
② 刘焱:《英国学前教育的现行国家政策与改革》,《比较教育研究》2003 年第 9 期。

重要依据，它具体规定了6级早期保教工作者应掌握的能力与素质①。2021年，英国政府更新了《早期基础阶段法定框架》（Early Years Foundation Stage Statutory Framework），为与0~4岁幼儿一起工作的早期教育提供者和儿童照料者提供帮助，规定了学习、发展和护理的标准：通过系列活动、基于游戏学习和社会互动，鼓励托儿所的儿童探索其好奇心，发展新技能，并使其与同伴和照顾者建立关系。② 2023年3月，英国政府发布《早期教育恢复计划》（Early Years Education Recovery Programme），表明将实施高达1.8亿英镑的系列计划，用于疫情之后有关早期教育部门的劳动力培训、资格认证、支持和指导等。③ 英国政府还通过各种监管和评估机制来确保从业者遵守相关规定和标准：英国教育标准局（Ofsted）于2022年7月更新《教育督导框架》（Education Inspection Framework），该框架根据《2005年教育法》（Education Act 2005）、《2006年教育和检查法》（Education and Inspections Act 2006）、《2006年儿童保育法》等法律条例建立，其中包括对已经注册的早教和托育服务提供者的审查④，以便提供更高质量的服务。

此外，英国政府规定所有的托儿所都必须有至少1名员工持有合格的早期教育学位或证书，确保所有员工能够获得培训和发展的机会，提高他们的专业技能水平，确保儿童在一个安全、健康、快乐的环境中成长和发展。截至2021年，据估计在英格兰有近33万人从事儿童保育和早教工作，其中包括近24000名临时员工，大约80%的劳动力至少具备3级资格⑤。总之，英国托儿所的师资情况较好，政府也非常重视，并且在持续努力提高员工的素质和水平。

---

① 张静：《培养卓越幼儿教师——英国"早期教育教师"资格项目研究》，硕士学位论文，上海师范大学，2020。
② https://www.gov.uk/government/publications/early-years-foundation-stage-framework-2.
③ https://www.gov.uk/education.
④ https://www.gov.uk/government/publications/early-years-inspection-handbook-eif.
⑤ https://www.gov.uk/government/organisations/ofsted.

(四) 资金保障

英国托育服务的资金保障充足，政府、雇主、社区和慈善组织等提供了各种形式的资金支持，助力托育服务的开展。例如，英国政府提供包括直接补贴、税收优惠和政府津贴等优惠，旨在降低家庭托育支出，提高托儿的普及率。生育津贴（Maternity Benefits）、法定产假工资（Statutory Maternity Pay）为孕期父母提供经济支持[1]，育儿假让父母有更多的时间陪伴儿童成长[2]。英国政府还提供补贴帮助家庭支付托育费用，包括15小时免费托儿计划（15 Hours Free Childcare）：英国所有3~4岁的儿童每年可以获得570小时的免费时间，通常一年38周，每周工作15小时；[3] 30小时免费托儿计划（30 Hours Free Childcare）：该计划为符合条件的家庭提供支付托育费用的资金，涵盖3~4岁的儿童和符合一定收入标准的儿童；[4] 2岁儿童的免费教育和保育（Free Education and Childcare for 2-year-olds）：英国政府为2岁儿童提供的免费托儿项目，符合标准的英国公民和非英国公民都可以获得；[5] 免税儿童保育计划（Tax-Free Childcare）：该计划为符合标准的家庭每3个月提供最多500英镑的支持（每年最多2000英镑），如果儿童有残疾，则每3个月最高可获得1000英镑（每年最高可达4000英镑）。[6] 这些福利政策帮助家庭解决托育难题，缓解家庭育儿压力。

(五) 社会监督

英国托育服务的监督体系采用多种手段确保托育机构和托育人员能够遵守相关法律和规定，其监督手段包括政府监督、自我评估、家长反馈和行业组织监督。具体内容包括：英国政府部门负责对托育机构和托育人员

---

[1] https://www.gov.uk/maternity-allowance.
[2] https://www.acas.org.uk/parental-leave.
[3] https://www.gov.uk/15-hours-free-childcare.
[4] https://www.gov.uk/30-hours-free-childcare.
[5] https://www.gov.uk/help-with-childcare-costs/free-childcare-and-education-for-2-to-4-year-olds.
[6] https://www.gov.uk/tax-free-childcare.

进行定期检查，确保托育机构符合安全、教育质量和管理标准。政府通过审查托育服务提供者的资质认证、监管报告等进行监管；托儿机构和托育人员需要定期进行自我评估，以确保符合相关的质量标准。这些自我评估可以帮助托育服务提供者发现问题并纠正；家长是托育服务的直接受益者，他们可以向政府部门和机构提出反馈和投诉，帮助监督和提高托育服务的质量；英国有许多托儿行业组织，它们负责制定行业标准和指导方针，并向托育人员提供培训和支持。这些组织还会推行道德、职业行为准则等，以加强托育服务提供者之间的自律管理。

社会监督是一种多方参与的机制，旨在确保托育服务的质量、安全和透明度。通过政府机构、家长参与和第三方机构的合作，提高托育服务的监督水平，为儿童提供更好的托育环境和服务。

二 英国托育服务的特征

（一）机构种类多样

英国拥有广泛的托育服务网络，包括学前班、托儿所、日托中心、儿童中心、课后俱乐部、保姆等，为不同需求的幼儿提供服务。学前班通常由家长主导的自愿委员会和慈善机构经营，为2~5岁的儿童提供照料和教育，很多学前班都附属于小学，同学校的学期时间保持一致；托儿所通常由受过培训的教师或校长经营，招收3~5岁的儿童，有时也招收2.5岁的儿童，其重点是通过有组织的活动让幼儿为上小学做好准备，包括公立托儿所、私立托儿所和独立托儿所；日托中心为5岁以下的儿童提供日托服务，它类似于托儿所，但是日托中心不需要经过培训的校长或教师来提供服务；儿童中心于1998年推出，旨在为贫困地区的儿童及其家庭提供支持，为5岁以下儿童的家庭提供支持，除了托儿服务，还提供育儿课程、产前产后支持、玩耍及母乳喂养支持；[①] 课后俱乐部一般为3岁及以上的儿童和青少年提供服务，但具体因机构和项目而异；保姆是指注册为8岁及以

---

① https://www.daynurseries.co.uk/advice/early-years-facts-and-stats.

下儿童提供有偿托儿服务的人员，通常单独工作或者最多2名保姆一起工作。① 截至2022年12月31日，已经有1272068个有关托育的项目注册并提供服务②，类型多样、数量丰富的托育机构很好地满足了家长和儿童的需求。

（二）课程框架完整

课程框架是托儿所活动的指引，经过多次更新和修订，英国早期教育课程框架已形成了完整的体系并且与时俱进，以适应当前变化的教育。目前的课程框架主要有英格兰的《早期基础阶段》（The Early Years Foundation Stage）、苏格兰《卓越早教课程》（Early Years Curriculum for Excellence）、威尔士的《威尔士基础阶段框架》（The Welsh Foundation Phase Framework）与《威尔士新课程》（Curriculum for Wales：Early Years）、北爱尔兰的《学前教育课程指导》（Curricular Guidance for Pre-School Education）。

英格兰的《早期基础阶段》是关于0~5岁儿童学习和发展的系列指导方针③，主要包括儿童发展的重点领域（沟通和语言、身体运动、社交和情绪）和特定领域（数学、理解世界、艺术与设计、语言和字母学习）。其教育原则是：以幼儿为中心，关注每个幼儿的个体需求和兴趣，并制订个性化教育计划；鼓励幼儿参与决策、解决问题和自主学习；强调合作学习，发展社交技能和团队合作精神；提供个性化支持，通过观察、记录和评估幼儿的学习和发展，制订个性化发展计划。

苏格兰《卓越早教课程》是苏格兰关于3~18岁儿童的国家课程④，该课程旨在指导儿童培养技能，使所有儿童能够成为成功的学习者、自信的个人、负责任的公民、有效的贡献者。对于3岁以下儿童，强调游戏是其学习和发展的手段，这个年龄阶段的儿童可以通过模仿学到很多东西，因此在托儿所中设置各种各样的活动，如婴儿体操、音乐舞蹈、戏剧、谜

---

① https：//childmindinguk.com/.
② https：//www.gov.uk/government/organisations/ofsted.
③ https：//assets.publishing.service.gov.uk/government/uploads/system/uploads/attachment_data/file/974907/EYFS_framework.
④ https：//www.daynurseries.co.uk/advice/what-is-scotlands-early-years-curriculum-for-excellence.

题、农场、学习自然和野生动物等。

威尔士的《威尔士基础阶段框架》[①]与《威尔士新课程》共同应用于幼儿园和学龄前儿童[②]。这些课程框架强调4个目的、5条发展路径以及6大学习领域。4个目的是：培养有雄心和能力的学习者；培养有进取心和创造力的贡献者；培养有道德和有见识的公民；培养健康自信的人。5条发展途径包括：获得归属感；加强沟通，了解自己和他人的意愿；在实践者的支持下探索自己的兴趣和魅力；发展幼儿运动技能；尊重他人，重视自己，获得幸福感。6大学习领域主要是表现艺术、健康和福祉、人文学科、语言识字和交流、数学和算术以及科学与技术领域。

北爱尔兰的《学前教育课程指导》用于指导4岁以下的儿童教育[③]，它设置的原则包括：为儿童的成年生活做准备；儿童是有正确思想、感受和想法的个体；承担责任，从错误中吸取教训；自律等。儿童在学前阶段参加的活动有戏剧表演、沙子游戏、玩水、小世界、建筑游戏、创造性游戏等，通过这些游戏培养儿童的信心和独立性，丰富幼儿的想象力，引导幼儿成为热情的学习者。

（三）教学方法多元

英国托育服务体系中的教学方法多元，兼顾教育理念，注重儿童的个性和兴趣。主要教学方法有蒙台梭利教学法：以儿童为中心，强调特定的环境，利用天然材料制成玩具来刺激儿童感官、激发创造力、培养解决问题的能力，需要受过专门培训的蒙台梭利教师来引导幼儿，在情感上支持幼儿并教导幼儿自我反省。瑞吉欧教育方法：鼓励儿童自己探索，以小组形式进行学习，让每个幼儿都能表达自己的观点，强调主题学习、家长和社区的参与且注重环境的作用。森林学校：强调自然教育法，这里大部分学习是在户外进行的，通过使用泥土、松果等天然材料建造巢穴、觅食和

---

① https://www.daynurseries.co.uk/advice/what-is-the-welsh-foundation-phaseframework.
② https://www.daynurseries.co.uk/advice/curriculum-for-wales-early-years.
③ https://www.daynurseries.co.uk/advice/northern-irelands-curricular-guidance-for-pre-school-education.

手工艺，培养幼儿的创造力、解决问题的能力、责任感，同时与自然环境建立联系。好奇心法：用日常用品代替现代玩具来激发幼儿天生的好奇心，并支持他们了解周围的世界，利用丹麦生活方式，专注于活在当下，并享受简单的快乐。

（四）重视儿童发展

随着英国社会的变迁，托育服务成为越来越多家庭的选择。托育服务不仅是照护幼儿，还涉及儿童的发展和教育。首先，英国政府提出了严格的标准，所有的托育机构必须进行注册和定期审查，确保托育机构的安全和服务质量。同时，每个托育机构都有指定的监管人员，专门负责托育质量的管理和监督，这些措施保证了儿童的安全和健康。其次，英国托育服务注重儿童的全面发展。托育机构在提供基本的看护服务的同时，创造了积极发展的环境。英国政府制定了一系列针对3岁以下幼儿的教育规划，帮助儿童掌握基本的语言、数学和社交能力。这些规划在托育机构中实行，父母可以同时参与其中促进儿童的发展，还会定期组织各种主题活动，如游戏、手工和音乐活动等，让幼儿在愉快的氛围中学习和成长。总之，英国托育服务体系注重儿童发展，从安全、质量管理、社交、心理健康等多方面提供支持和服务，为幼儿成长创造良好的环境。

三 当前面临的挑战

英国Coram家庭和儿童保育中心近日公布了英国第22次儿童保育调查报告，该报告是基于英格兰、苏格兰和威尔士地方当局的调查。报告从儿童保育费用、儿童保育充分性及英国各地儿童保育提供者面临的压力三方面进行调查，结果显示从2014年起，英国各地儿童保育费用持续上涨，儿童保育服务充分性下降、儿童保育提供者的可持续性变差，这些问题为英国政府敲响警钟，敦促政府抓住这一机会，制定真正帮助儿童和家庭的改革方案。①

---

① https://www.familyandchildcaretrust.org.

（一）保育费用持续上涨

2023 年英国儿童保育费用的增长速度是 2022 年的 3 倍，成本持续上升且存在地域差异。在英国为 1 名 2 岁以下儿童提供每周 25 小时托育服务的平均费用为 148.63 英镑，每年为 7134 英镑；2 岁儿童为 144.01 英镑，每年是 6912 英镑。从 2022 年开始儿童托儿所每周 25 小时托育服务的费用上涨了 5.6%，2 岁以下儿童上涨了 6.1%。2 岁以下儿童的保育费用一般比 2 岁儿童的费用高，年龄较小的儿童所需的工作人员的比例较高，工作人员的成本提高，托育费用也随之提高。

（二）儿童保育服务充分性下降

英格兰儿童保育充分性显著下降，只有 18% 的地方当局为残疾儿童提供了足够的托儿服务，不到 50% 的地方当局为 2 岁以下的儿童提供足够的托儿服务，这意味着许多儿童无法获得满足其需求的托育服务，英国早期教育权利的充分性也在下降，能够获得资助的家庭数量也在减少。这些问题导致父母无法工作，陷入贫困，儿童无法获得早期教育，同龄人之间的差距不断扩大，社会不平等现象愈演愈烈。

（三）儿童保育提供者的可持续性变差

当前儿童保育提供者面临员工成本、能源成本、早期教育权利的资助率和食品成本逐渐增高的压力，不得不采取措施来维系其机构的生存，具体措施有：向家长收取更多的儿童保育费用；减少儿童保育人员的数量；缩短开放时间；减少受资助的早期教育名额，这些措施的施行导致家长的经济压力增大、托育中心的离职率提高等，对儿童的成长和发展也有长期的负面影响。

四　启发

（一）加强法律保障，完善法律法规，明确主体责任和权利

法律体系不仅能够为人们提供安全感、保护公民的合法权益，还可以

促进社会的繁荣和发展、塑造良好的社会环境。英国政府把托育服务作为社会公共服务来推广和发展,提供相应的法律法规、政策和财政支持,取得了长足进步。因此,完善托育服务相关法律法规具有重要意义,有效地保障机构、家庭和婴幼儿的合法权益,有助于托育服务的开展和管理。另外,完善的托育服务法律法规有助于加强监督,防止社会资源的浪费,保障托育服务的长期健康发展。

托育服务法律体系的完善应从法律制定、实施、执行3方面着手,应明确托育的概念、宗旨和目的,细化内容,制定清晰的托育政策,规范托育服务的行为,提高托育有效性,加强监督,建立有效的执行机制,确保托育服务的有效实施。

(二)注重政府引导,提升服务质量,建立多元化托育服务体系

英国托育服务管理体系由政府主导,通过提供多元化的服务、严格的质量监管以及充足的经费保障,使托育服务发展进入新阶段。我国应结合自身发展现状,从政策引导、多元化服务体系、质量监管机制方面完善托育服务管理体系。首先,政府应提升对托育服务的重视程度,出台更为明确的政策和法规,引导社会资本参与托育服务,提高托育服务质量;其次,要建立多元化的托育服务体系,在满足儿童托育需求的同时,建立包括家庭式托育、幼儿园托育、临时照料等在内的多种形式的托育服务机构,充分满足不同家庭的需求;最后,借鉴英国经验,建立健全托育服务机构的注册、监督、评估体系,提升托育服务质量和安全性,保障儿童权益。

(三)加强人员配备,建立培训体系,提高托育服务专业水平

师资水平是托育服务体系中的重要一环,直接关系服务质量。英国托育服务体系注重对托育人员的培训和招聘,使其具有专业素养和技能。加强人员配备,提升师资力量势在必行。首先,要加强培训和技能提升,通过组织培训课程和安排技能提升计划,使托育服务人员掌握专业技能,提高对服务对象的关注度和处理能力;其次,设立专业化机构,健全服务管

理体系,建立专业的托育服务机构,完善服务流程管理体系,使服务更加有序和专业;最后,推行社会组织参与,邀请社会组织参与托育服务,借助社会资源,丰富服务内容,提升服务质量。

(四)完善财务管理制度,确保财务安全

托育服务资金系统的运行存在资金分配不均衡、资金来源不稳定、资金使用效率低等问题。完善资金管理制度能够保障托儿体系更好地运行。首先,要建立托育服务信用体系,加强对服务资金的保障;其次,引导社会资本参与托育服务,鼓励社会资本参与托育服务,创新融资模式和运营机制,扩大托育服务的覆盖面和供给量,促进托育服务的可持续发展;最后,加大对托育服务的政策支持力度,将托育服务列入政府财政规划,把资金保障纳入政府预算,确保资金来源安全。

(五)完善信息公开和监管机制,加强社会监督

目前,我国托育服务监督管理规范性不足,政策支持力度不够,社区服务能力落后,与社会其他服务机构的协同监督能力不够,没有建立良好的监督机制,导致我国托育服务无法得到很好的保障。因此,建立信息公开和监管机制,加强对托育机构的监督和管理,有利于保障儿童的合法权益。首先,托育服务机构内部应建立完善的内部管理制度和规范性文件,定期开展内部审查和自我评估;其次,加强外部监督,鼓励行业组织和社会公众参与托育服务的监督;再次,建立信息反馈机制,对参与托育服务的家庭及婴幼儿进行定期跟踪调查,及时发现问题,了解服务情况,并反馈给服务机构以指导其改进服务,提升服务质量;最后,建立举报机制,及时处理托育服务中的问题,增强与家庭、社会的良性互动。

五 小结

英国托育服务体系是一个相对完备的系统,这一体系的形成得益于五个方面:完善的法律政策、健全的管理体系、专业化的师资水平、充足的

财政支持及广泛的社会监督。首先，法律政策为其发展提供了坚实的基础，确保托育服务的质量和安全，为其稳定运行提供保障；其次，相关管理部门负责对托育机构进行监管和评估，确保其按照标准提供优质的服务；再次，英国注重师资配备，确保托育人员具备专业技能和知识，不仅关注儿童的日常护理，还注重他们的教育和发展；复次，财政支持是英国托育服务体系成功的关键因素之一，为托育服务的普及和提升提供了有力支撑；最后，英国托育服务体系受到了广泛的社会监督，保证了托育服务的透明度和公正性。尽管英国的托育服务体系相对完善，但也面临一些挑战，为托育服务的高质量发展敲响了警钟，同时也为我国托育服务的发展提供了宝贵的经验。由于国情不同，我国托育服务的发展还需要结合本土需求和特点，根据不同地区和群体的需求制定具体的政策和措施，更加注重家庭教育与托育的结合，提供全面的教育和照护服务。通过政策支持、培训和规范管理等措施，提升我国托育服务的质量和覆盖率，为儿童的全面发展提供支持和保障。

（编辑：高艳红）

British Childcare Service System: Characteristics, Challenges and References for China

LIANG Yueyuan, HE Yixuan

(School of Home Economics, Hebei Normal University, Shijiazhuang, Hebei 050024)

Abstract: In recent years, the development of childcare services has received increasing attention, becoming one of the key areas promoted by China's national policies. Childcare services in the UK started early and developed rapidly, forming a relatively complete system in five aspects: legal policy, management system, staff management, financial guarantee, and social supervision. There are many types of childcare serviceinstitutions. They have complete curriculum framework and use diverse teaching methods. Emphasis is put on children's development. Currently, childcare costs in the UK are increasing, while childcare service becomes less adequate, and childcare service providers become less sustainable, which sounds the alarm for the development of childcare service in the UK, and also provides experience for the constructionof childcare system in China. We should improve laws and regulations and clarify the main responsibilities and rights to strengthen legal protection; stress on government guidance and establish a diversified childcare service system to improve service quality; strengthen staff management and establish a training system to improve the professional level of childcare services; establish a financial management system to ensure financial safety; and improve the mechanism for information disclosure and supervision to strengthen social supervision.

Keywords: Childcare Service; British Childcare; Childcare

• 家政服务业 •

产教融合背景下家政服务业规范化标准化影响因素研究[*]

徐桂心

（河北师范大学家政学院，河北 石家庄 050024）

摘 要：经济社会的发展与人民的需求对家政服务的规范化标准化提出了更高的要求。本文从产教融合育人背景出发，访谈家政学毕业生并运用 Nvivo 与扎根理论分析法对访谈资料进行分析，进而揭示家政服务业规范化标准化的影响因素，最终提出一些针对性建议。

关键词：产教融合；家政服务业；家政学

作者简介：徐桂心，家政学硕士研究生，主要研究方向为家政学原理、家政教育。

随着中国积极老龄化战略的出台、生育政策的调整、人民日益增长的美好生活需要，家政行业发展的战略地位越来越引起党和国家的重视。然而我国家政服务业专业化程度较低，存在"找人难"和"小散弱"等现实问题，这在一定程度上阻碍了家政服务业朝着专业化、规范化、规模化方向发展。

2023 年 6 月，国家发改委等部门印发《职业教育产教融合赋能提升行动实施方案（2023—2025 年）》，将养老、托育、家政等列为深度推进产教融合的重点行业。2019 年，国务院办公厅印发了《国务院办公厅关于促进家政服务业提质扩容的意见》，其中提到"标准"二字多达 13 次，全文共提出 36 条举措，其中第 29 条明确提出，"开展家政服务国家标准修订工

---

[*] 本文为 2021 年度江苏省家政学会、江苏家政发展研究院家政科学研究课题"产教融合背景下家政服务业规范化标准化的影响因素研究"（项目编号：2021006）研究成果。

作，完善行业标准体系，研究制定家政电商、家政教育、家政培训等新业态服务标准和规范，推进家政服务标准化试点专项行动"。由此可见，产教融合与规范化、标准化对家政服务业的高质量发展具有重要意义。

一 研究回顾

（一）我国古代家政服务业规范化标准化建设

我国家政文化源远流长，家政中介制服务的雏形在宋朝已经出现。宋朝已经出现了提供家政中介服务的机构"牙行"、从事家政服务中介的人员"行老""牙婆"等。[①] 宋代的劳务市场已初具规模，且其中存在一批经受过技能训练、职业素养较高的家政服务人员，如"厨娘""奶妈"等。基于此情况，宋朝非常重视劳务市场秩序维护、规范标准建立与市场有序运行。[②] 随着古代"牙人"（劳务中介人员）制度的发展与成熟，逐渐产生了"牙人"管理法——《牙人付身牌约束》、"牙人"营业执照——牙帖等一系列针对劳务中介的管理制度，"牙人"的职业活动形成一定的操作流程与规范，一些标准化的"契"（合同）逐渐出现。

（二）影响我国当代家政服务业规范化标准化建设的因素

家政服务业标准化建设是一个系统工程，其标准化进程缓慢、困难重重。孙学致、王丽颖的研究揭示了市场供需不平衡、小微型家政企业占大多数、服务标准化建设不足、家政服务业法律法规不健全等因素，制约了家政服务标准化建设与提质扩容。[③] 陈海婕等认为，受家政行业发展起步晚等因素制约，家政服务雇用渠道和提供服务不丰富，家政行业受社会监

[①] 杨建广、骆梅芬：《中国古代经纪法制源流初探》，《中山大学学报》（社会科学版）1996年第S3期。
[②] 于志娥、任仲书：《宋代劳务市场发展状况研究》，《哈尔滨学院学报》2013年第4期。
[③] 孙学致、王丽颖：《我国家政服务业规范化发展问题研究》，《经济纵横》2020年第5期。

督与保护不足，从而导致家政服务业标准化建设缓慢进行。[1] 李军峰通过调研指出，正是家政市场缺乏信用体系建设、家政从业人员素质参差不齐，以及家政服务人员与雇主的权益难以保障，阻碍了家政行业健康发展与家政服务业正规化进程。[2]

受我国家政服务业起步晚、家政教育中断等影响，尽管已经有一些学者关注家政服务业发展情况，并对家政服务业规范化、标准化、品牌化等问题进行了系统研究，但至今学界与产业界仍未探索出一条行之有效的家政服务业规范化、标准化路径，有志于研究家政服务业的学者仍需继续摸索与探讨影响家政服务业规范化、标准化的因素，从而推动家政服务业标准化的形成与建立。

（三）推动家政服务业规范化标准化建设的研究经验

尽管家政标准化建设仍处于进行时，但以往的研究与探索已经积累了一些非常宝贵的经验，供未来的学者借鉴与参考。谷素萍建议，可以通过对家政服务资源进行调整与再分配、提升人才培养质量、创新家政服务模式、利用媒体对家政服务进行宣传等方式推动家政行业规范健康发展，从而推进家政标准化建设。[3] 莫文斌通过梳理国外家政服务业的发展历史与发展经验，同时结合我国家政服务业发展现状指出，要通过社会大众转变观念、政府加大扶持力度、行业提升从业人员准入门槛、对市场资源进行整合等手段，推动家政服务业标准化建设与健康有序稳定发展。[4] 李燕等通过研究广东省家政服务体系标准化建设现状与已有成果，提出家政服务标准化建设的关键举措是通过提高广东省家政服务品牌的知名度、扩大家政服务专业人才培养规模、培育家政服务标准化示范项目，推动广东地区家政标准化发展。[5]

---

[1] 陈海婕、王舒云、王宇薇等：《家政服务业的标准化发展对策研究》，《标准科学》2019年第10期。
[2] 李军峰：《我国家政服务业的正规化策略》，《中国人力资源开发》2007年第3期。
[3] 谷素萍：《家政服务标准化建设和质量提升路径研究》，《人民论坛》2019年第27期。
[4] 莫文斌：《家政服务业的国外经验及其借鉴》，《求索》2016年第4期。
[5] 李燕、陈思嘉、章旭丹等：《广东省家政服务标准体系建设研究》，《中国标准化》2021年第11期。

无论是高等院校、专业研究机构，还是政府机关、行业协会，都对家政服务业标准化工作进行了积极的尝试。可以看到，我国的规范化标准化已经取得了初步成果，但针对当前家政服务业规范化标准化工作提出的建议与举措多停留在理论层面，针对规范化标准化的具体的可操作的建议很少。

二 研究现状

当代学者对家政服务业的研究起步较晚，家政服务标准化的研究也处于起步阶段。截至2021年9月，运用中国知网数据库（CNKI）检索功能，设定检索主题为"家政服务"，以"精确"为检索条件共获得文献10642篇；再从结果中检索设定检索主题为"家政服务标准化"，精确检索，人工剔除无效和重复文献，共获得文献115篇。通过对"家政服务标准化"相关文献进行计量可视化分析，以更加清晰、精准的研究角度探索"家政服务标准化"的研究发展趋势、主题频次等，为深入探讨和分析"家政服务标准化"这一问题域的研究现状提供数据支持。

从图1可知，首次以"家政服务标准化"为研究主题的研究出现于2005年，"家政服务标准化"主题于2005~2008年并未引起学界关注和重视；2009~2018年为萌芽阶段，学者开始逐渐关注家政服务标准化这一问题，公开发表的文章逐渐增多；2019年达到峰值，相关论文达18篇，2019年后该研究主题仍被学界关注，但文章发表数量有所下降。

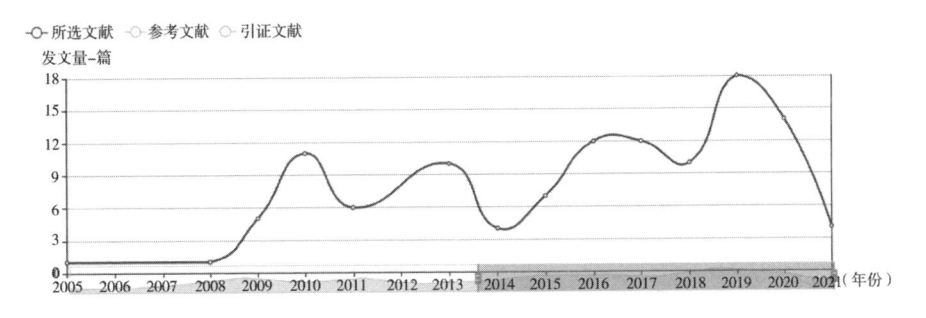

图1 "家政服务标准化"研究总体趋势分析

"家政服务标准化"研究于2009年后逐渐增多,于2019年达到峰值,研究结果的增多与这一时期党中央发布的一系列文件有很大关联。国务院办公厅印发《关于加快发展服务业若干措施的实施意见》,提出要"研究制订社区服务、家政服务、实物租赁、维修服务、便利连锁经营、废旧物资回收利用、中华老字号经营等服务业和出口文化教育产品等领域的税收优惠政策"。由于政策利好与国家推动,家政服务业作为现代服务业的一个职业方向引起了社会关注。据学者张焱统计,2009年国家、行业、地方、团体、企业等家政标准制定方共颁布家政相关行业标准13个。[①] 此后,家政服务与家政服务标准化热度不断提高。2015年11月27日,国家标准委等5部委印发《关于加强家政服务标准化工作的指导意见》,对家政服务标准化工作进行了系统部署。2016年发表文献出现阶段性增长,且福建标准化研究院、《家庭服务》杂志等均对"家政服务标准化"议题开展专题研究。2019年"家政服务标准化"研究出现了迄今为止的峰值,究其原因是国务院办公厅印发了《国务院办公厅关于促进家政服务业提质扩容的意见》,引发了社会热议和学界关注。

三 研究过程

(一)研究方法

本文采用质性研究扎根理论的方法,通过对家政学本科毕业且从事家政服务业的被访者进行访谈,分析访谈结果得出家政学毕业生与家政服务标准化之间的关系。该研究方法的基本研究思路为"从资料中产生理论、对理论保持敏感、不断比较、理论抽样、灵活运用文献"[②]。

(二)研究对象与抽样方法

由于当代家政教育起步晚、基础弱,开设家政学的本科院校少,家政学毕业生数量少且从事家政服务业的毕业生更是凤毛麟角,故本研究采用

---

① 张焱:《我国家政行业标准化发展趋势及对策分析》,《家庭服务》2019年第12期。
② 陈向明:《扎根理论的思路和方法》,《教育研究与实验》1999年第4期。

便利抽样和滚雪球式抽样的方式。选取 4 名家政学本科毕业且从事家政服务业工作的人士作为访谈对象，访谈时间为 90~130 分钟。基于研究的伦理性原则，征得访谈对象同意后，对访谈过程进行了记录。访谈结束后，对访谈资料进行进一步分析处理。

（三）访谈内容

访谈的主要内容包括：介绍个人基本情况，即性别、年龄、学历、在该公司工作的年限、岗位；请详细解释 xx 岗位的工作内容；现在 xx 岗位操作流程是什么样的；你们参与该岗位标准与工作流程制定的情况如何；从该岗位的角度，你觉得家政学学生和其他专业的学生比有什么不同等共 11 个问题，主要为了从企业标准化现状、产教融合与人才培养等多维度对研究问题进行调查探究。

（四）编码操作过程

本文采用开放式编码。将被访者录音整理成文本导入 Nvivo12，以便进一步编码与分析过程，重点操作如下。

第一，打开 Nvivo 软件的"词频查询"功能，将最小字符长度设置为 2，运行程序并从中找到可以用来形容优秀托育从业者形象的词语；

第二，对近义词语进行合并；

第三，将无关词语列入"项目停用词"；

第四，再次运行"词频查询"，并将出现频率超过 15 次的词新建为节点。[1]

四 研究结果

（一）大中型家政企业标准化建设初见成效，已初步形成标准体系

据不完全统计，中国家政服务业从业人数超 3000 万人，但高中及以上

---

[1] 于川、郭艳肖：《师范生眼中的"好教师"——基于 117 份教育叙事的文本分析》，《教师教育论坛》2021 年第 3 期。

学历占比非常低,由此可见中国家政服务业培训与管理工作人才缺口非常大,基于此情况,4位被访者入职即主要担任管理职务:运营、培训师、店长助理等。

根据《标准体系构建原则和要求》《服务业组织标准化工作指南第2部分:标准体系》等文件要求与相关规定,家政服务业标准体系框架可分为通用基础标准、服务标准以及管理标准等3个子体系,基于上述的被访者特征与从业岗位,本文以探讨家政服务管理体系标准化为主。

我国大中型家政企业已初步形成各级、各类、各层次的标准体系,包括培训标准体系、管理标准体系等。其中被访者提及最多的也是与培训标准化和培训标准体系相关的内容(见表1)。

培训标准化又可以划分为培训质量管理、培训材料管理、授课流程管理等环节。培训质量管理主要的工作内容为完善授课方式、考核培训课程与培训师等,培训材料管理主要包括编写培训材料、制作培训课件以及培训材料的整理与归档等过程化环节,授课流程管理主要是对教学流程与主要培训环节进行规定。

除了培训标准体系之外,管理标准化与管理标准体系也值得关注。管理标准体系中的销售标准化体现在销售话术、销售环节以及客户对接等多方面;推广标准化聚焦多媒体、电话等推广渠道,就推广环节等做出了规定;运营标准化涉及销售数据分析、客户关系维护、品牌形象塑造等。

由此可见,在家政服务业提质扩容的大背景下,大中型家政企业积极推动自身建立标准化体系,但企业间标准建设存在差异,且有许多环节尚未标准化,需要加快推进。

表1 家政服务规范化标准化体系建设现状编码示例

原始数据	概念化	范畴化
①我们将保证授课质量,并根据培训效果改进和完善培训课程及培训方式 ②我们一般会先让没有教学经验的助教、讲师去听有经验讲师的课,听2~3节,然后尝试备课,熟悉一下PPT及课程内容;随后安排1~2次的试讲,达到预期教学效果后,再去承担课程的讲授	培训质量管理	培训标准化

续表

原始数据	概念化	范畴化
①我会与新入职的培训师确定培训大纲,然后由其去完成教学文字稿(类似于教案),我会根据其写的培训大纲和讲稿去做 PPT,完成后,我们再进行磨合,没有问题之后备份存档 ②没有自己的核心培训资料,培训章程也只是老板口头上说,小公司不规范	培训材料管理	培训标准化
①课前要先用 5 分钟带着学员去进行一个早操或者游戏,接下来会先说一下今天课程的安排,然后再进行教室的管理,也就是教学秩序维护,比如让学员把包之类的随身物品都放到教室后面的架子上,接下来就正式开始上课了……一天的课程结束了之后,会有答疑环节,对教学内容进行总结和回顾。最后要布置作业,让学员利用晚自习时间做作业 ②助教就是先看(有经验的)老师上课,帮忙记录一下学员相关情况,比如这次参与培训的学员有多少,然后去询问一下学员对这个课程的满意程度,其学到了多少,是否还会有下次来参加培训的意愿	授课流程管理	
销售就是一些话术的掌握吧,一个单子到你手里……根据顾客留的联系方式去联系,问清楚顾客的详细要求,因为挂电话之后就要 2 个小时之内还是半天吧,反正就是尽你所能尽的……每一个顾客必须要找到 3 个相对应的阿姨,就是让顾客有一个对比,这样就会引导顾客尽快签合同	销售标准化	管理标准化
前期我们先用福利发放的这种形式,就是说客户进到我们群来,我们就会给他发放一些免费的课程进行导流,我们去做一些比如说直播,让家政员这个群体增强对学校的信任感……熟悉之后,就开始"变现",然后再定期直播,去做课程销售	推广标准化	
这里的运营和其他公司的运营不太一样,这里的运营偏文职一点:公司有后台可以收集全国各个门店的一些数据,根据这些数据分析出一些东西来,比如说全国门店销售前十……你需要去运营维护"小助手"的各个群,然后会经营一下朋友圈	运营标准化	

(二)家政学毕业生与家政标准化

1. 行业认知:机遇与挑战并存

在经历过大学的学习与一段时间的工作经历后,家政学毕业生已经对行业有所认知,对行业的认知是他们推动标准化的重要一步。

家政服务业机遇体现在政策出台多、时代需求强、发展空间大等方面（见表2），正是由于发展机遇、家政学学习形成的行业认同感以及身为家政人所具有的责任感与使命感，被访者才能坚守深耕家政行业，推动提质扩容。

表 2 家政服务业机遇编码示例

原始数据	概念化	范畴化
①国家富强，人均收入是越来越高的。所以，有钱人多了，肯定（家政）这个市场会越来越大 ②（家政服务业发展）机遇的话就是国家政策一直在支持 ③现在国家出手了，就是它（国家）有政策支持这样的一个风口，机会就会更多一些	政策出台多	家政行业机遇
①行业的需求是很大的，"90后"这一代基本上很少会有一些对于家庭里面事务的管理，但他们精神需求高 ②一些社会因素、经济的发展，以及现在越来越多的年轻人对家庭的管理与维持（技能）还是有欠缺的，对这方面的需求也在提高	时代需求强	
①（家政服务业）市场还不是很规范，也就是说它有无限的可能 ②疫情出现让人觉得家政服务是多么必要，自己是多么无力	发展空间大	

家政服务行业存在规范化、标准化建设不足，管理体制不完善，高素质家政服务人员紧缺等多种问题（见表3），从而制约着被访者所在家政公司的发展与家政服务行业整体的发展。主要表现在缺乏科学的客观的销售标准、中介制自身存在弊端、订单流失率高等方面。

表 3 家政服务行业危机编码示例

原始数据	概念化	范畴化
①家政行业的许多老板就不会去认同标准化的东西，他不知道怎么做，没有一个统一的标准。每个公司肯定有自己的标准，一个公司没有办法去认可另外一个公司的标准 ②阿姨销售全凭家政经纪人，说我们阿姨有多么好，然后我就能把这个阿姨卖多少钱。不是说这个阿姨真的值那么多钱，或者不值那么多钱，就看推销人员怎么去推销这个产品，这是错误的，一个错误的标准就是没有标准，全靠夸大宣传	规范化、标准化建设不足	家政行业危机

续表

原始数据	概念化	范畴化
现在中介制的公司比较多，它既管不了阿姨，也管不了客户，它无法向客户去保证阿姨的质量，只能说阿姨在我们这儿注册过我们大致了解过这个阿姨的情况。像我们公司对阿姨的家庭成员情况和工作经历，都会有详细的了解，但是其他公司不会，就让阿姨交个身份证复印件就完事儿了，就知道有这个人在我们的阿姨库里就完事儿了。这样就导致阿姨上门服务是什么状态，公司全然无知。	管理体制不完善	
①还有一个就是供求关系，我知道的有些阿姨会在好几个公司登记注册，就会导致你有单找她们的时候，她们也许已经在其他公司接到单了，然后你的单就会流失掉。我这里有一个大概的数据，每年家政公司的成单率是5%左右，即100单只会成5单。很离谱，很可怕。②我们公司说的一句话，叫"得阿姨者得天下"。全国大中小城市，其实都是有这种问题存在的。什么样的公司能做起来呢？就是有阿姨的公司，谁能握住阿姨这个资源，谁能够掌握劳动力的一个流向，谁就能做起来。	高素质家政服务人员紧缺	家政行业危机

2. 家政学毕业生是推动家政行业规范化标准化的重要因素

（1）参与方式

根据被访者的描述，她们参与推动规范化、标准化的渠道较为单一、传统，以向上级领导反馈为主。在访谈过程中，被访者均表示已在日常工作中参与规范化、标准化建设，但受公司业务、规模、决策方式等因素限制，参与的效率与结果会因实际情况的差异有所不同（见表4）。这在另一方面又说明，我国当代家政公司的管理体系与真正意义上的现代化管理体系还有相当大的差距。

表4 家政服务业规范化标准化建设编码示例

原始数据	概念化	范畴化
①之前教学经理在制定标准的时候有问过我们的意见，我们有时候也会在审核过程中发现一些问题跟领导去进行一个反馈②我这边有什么情况，会通过微信跟我的上一级领导留言反馈。他如果没有回答，过一段我会提醒他，如果很着急我就会给他打电话③领导会要求你遇到各种不同的问题去总结完善那个（操作）步骤，写在文档里	参与方式	家政服务业规范化、标准化建设

续表

原始数据	概念化	范畴化
①就我而言的话，毕竟是学家政学专业，平时上课时像一些工具的使用，宝宝的抚触、洗澡什么的，因为上课的时候也接触、学习过，在这方面还是可以用到的 ②因为我以前干过防疫工作，所以这块我比较熟悉，就结合公司现在的模式还有保洁师职业一些特点制定了一整套标准化规范 ③根据××公司的经验，它是售前和售后是分开的，这样会对顾客产生一定的影响……虽然这样做到了流水线一样的管理，对公司来说是好的，但是其实对顾客来说是不好的	思路来源	家政服务业规范化、标准化建设
①之前的培训没有一个完整的培训档案。培训的反馈，比如说这次培训学员的满意度情况，之前就没有人去做调研，课件我们也没有留存 ②遇到各种不同的问题，比如说业绩统计的新问题一般就是截图，然后画后台的流程，因为他们后台各个项目比较多，然后就需要给他框出来 ③之前没有规范，只是说消毒时注意手消，但是怎么消、消哪个部位、需要多少下、需要多长时间都没有人知道	优化内容	
①学员的满意度是什么样的之前没有人去做调研，现在相当于弥补了这一点。还有就是培训的资料之前也没有一个留存，现在都是要完整备份 ②我就提出了这个建议，公司内部无论是财务还是相关领导层认可并且将该做法确定为一项制度 ③遇到各种不同的问题、新的问题，就去总结解决问题的步骤，写在文档里，我贡献了四五个问题	落实情况	

（2）思路来源

家政学毕业生群体掌握的家政学专业知识是他们参与家政服务业规范化、标准化的重要理论来源，特别是在培训过程中，他们善于运用所学知识在现有培训形式与内容基础上提出推动培训更加标准、规范的建议，从而提高培训质量（见表4）。

另外，由于家政学毕业生系统学习过社会学、家政学的研究方法与管理学原理，家政企业管理等课程，因此他们更善于思考，具有批判精神，会有针对性地分析其他企业加强规范化、标准化的经验与做法，取其精华、去其糟粕，并最终将成功经验运用到自己所工作的企业与领域。

（3）优化内容

上文已分析家政学毕业生对行业的认知是挑战与机遇并存，这直接影响着他们对于推进本公司规范化、标准化工作的构思与行动。

基于"规范化、标准化建设不足"的问题，他们从培训、运营与营销、服务等多维度、多环节有针对性地推动标准化体系的完善；针对"管理体制不完善"的问题，他们积极将管理工作的工作流程通过文字规定和流程图等形式规范化；面对"高素质家政服务人员紧缺"的问题，他们坚持"打铁还需自身硬"的原则，坚持由内向外解决问题，通过对培训流程、培训资料、培训反馈等环节规范化、标准化，提高培训的质量，助力家政服务业的人才培养、提质扩容。

（4）落实情况

家政服务业规范化、标准化建议落实情况事关行业整体面貌、事关提质扩容的实效，是值得探讨的一个议题。根据被访者的描述，他们的规范化、标准化想法与建议落实情况较好，主要通过形成规章制度、建立档案库、形成标准化技术文件等方式予以落实。

（三）产教融合与规范化、标准化

1. 家政学毕业生的突出特点

根据访谈材料可以发现，家政学毕业生的人才培养特点鲜明突出，综合来看主要有行业认同度高、学历高、综合能力强三大特点（见表5）。

表5 家政学毕业生特点编码示例

原始数据	概念化	范畴化
①感觉我工作的这半年，更多还是一种学习的心态。我将深耕于这个行业，我对这个行业的认同度非常高，接受度也非常高 ②我觉得最重要的一点，就是对于家政行业的认可，因为有这份认可，所以多了几分包容	行业认同度高	家政学毕业生特点
①从一开始面试，负责人听到我是家政学本科毕业以后就特别开心，我是一路绿灯，直接被公司录用 ②学历优势肯定是有的，目前家政本科生还是比较稀缺的，很多本专业的人压根就没想过从事这个行业	高学历	
①毕竟有一些问题，还是挺需要专业的知识与背景综合分析才更有说服力，如果不了解相关专业知识，肯定都会觉得是阿姨的错 ②能了解政策、了解行业的发展，而且所有人对你的认同度也非常高，那么你会对这个行业有一定的嗅觉、一定的敏锐程度	综合能力强	

因为家政学毕业生经历过大学 4 年家政学科的系统学习，对于家政服务与家庭稳定及发展有着非常清晰的认知，同时对于行业发展具有责任感，认同家政服务行业是民心工程、朝阳产业，从而对行业认同度、接受度很高，这也是产教融合育人的一个重要特点。

根据被访者 S 的经历，在一年半的工作中她由助理教师升任培训部主管。根据被访者 W 的叙述，在三个月的时间里她由实习生升任店长助理。由此可见，家政服务业对高学历、高素质人才需求大，家政学毕业生学历优势明显。

由于家政服务业发展同国家政策的制定与出台息息相关，所以家政企业管理人员需要对国家政策保持高度敏感性，这也是家政职业经理人职业性的体现。另外，由于家政服务业的特殊性（从业人群特殊、服务内容特殊等），家政服务企业管理人员的综合能力（基础知识、沟通能力、管理培训能力等）需要非常高。而家政学毕业生在 4 年的学习中通过专业知识的学习与能力的培养，综合能力已经得到了初步的锻炼，这是家政学毕业生相对于其他专业来讲非常突出的特点。

2. 现存不足之处

尽管产教融合育人已取得一定的代表性成果，但当今教学实践仍存在一些问题制约家政服务业产教融合育人的进一步发展（见表6）。

表6 产教融合现存问题编码示例

原始数据	概念化	范畴化
①像我们学校的出发点是能够教我们一些浅显的东西，未来引导我们成为这个家政行业的管理人员。但实际上，如果你不清楚这些具体和细节的东西，是没有办法去进行管理工作的 ②我自己本科学习时多是一些理论性强很空泛的东西，没有具体的概念。我所能了解到的与行业相关的信息都是很美好的，课程学习不是很全面 ③针对教学与课程，我认为所有的课程都不多余而且都少了，也不全面	课程设置不合理	产教融合现存问题
①我感觉是让大学生除了学习理论知识、理论体系之外，还是得多去一线体验，去真正感受家政行业、家政服务 ②如果有可能建议多和家政公司进行校企合作，让学生去做培训教师助理，作为一个实习实践，或者是去这种校企合作企业实习了，这样能力也是提升很快的	产教脱节	

续表

原始数据	概念化	范畴化
①我们老师就有个刻板印象，觉得如果实操的技能或者说是太细节的东西教给我们，会不会家政学学生就是沦落成了一线的服务人员？但其实我觉得不是 ②可以给他们稍微定个方向，了解下可以从事什么工作，这些工作岗位需要哪些技能。邀请一些毕业后从事这个工作的人过来分享一下经验	忽视技能教学	产教融合现存问题

首先就是家政学专业课程设置不合理问题。主要表现在课程学习与讲解不深入、理论性学习过于空洞、课程学习不全面问题。这一方面与我国家政学学科建设仍在探索阶段、缺乏经验有关；另一方面反映出部分高校培养目标不明确，未坚持行业导向、就业导向，需要对课程进一步优化。

家政学教学过程中产教脱节问题也需要引起足够的重视。首先体现在学生们缺乏对一线基层服务工作的了解与体验，从而无法实现产教融合的最佳效果。其次体现在校企合作中企业与学校之间的合作机制不完善，从而导致家政学校企合作模式下的产教融合无法高效运行。

最后一个问题就是对技能教学的忽视。尽管家政学办学层次分为职业教育与普通教育，本文主要探讨家政学普通本科层次，但家政学的学科性质意味着技能课程的学习是该专业必不可少的部分，无论培养方向与就业方向是什么样的，都要设置一定量的技能类课程。技能学习能够培养学生动手实践能力，加深对理论知识的深刻理解，促使毕业生更快地转换工作角色与工作状态，这对于推动教育培训、管理、服务等环节的规范化、标准化有着深刻的意义。

五 建议

（一）科普家政教育，消除职业歧视

部分家政企业与家政服务从业人员缺乏对家政学科与家政行业系统、科学的认知，家政行业的负面新闻报道与评价也屡见不鲜。随着家政服务

业提质扩容行动的深化，家政行业必将需要更多的家政学类专业高素质毕业生的加入。

国家应加强对家政教育的普及与推广，贯彻落实对于家政教育发展的相关支持政策，让公众对家政教育有一个全面、系统的了解，从而减少对家政学的偏见。从社会层面，大家应树立职业平等观，提高对于家政服务从业人员的职业认同感，减少对他们的歧视与偏见。另外，开设家政学专业的各个高校应在充分调研的基础上，适度地扩大家政学专业的招生规模，从而使家政学专业的招生不出现断层现象，对有意愿填报家政学专业的高中毕业生进行职业生涯的规划与指导。

（二）明确学科性质，提升软硬件质量

当前，我国还应加强家政学教育专业师资力量的培养，从而使中国的家政学教育能更好地适应经济社会发展。适时调整家政学学历与非学历教育的招生政策与招生规模，取消限制，鼓励开展系内交流活动。同时建立学校管理人员与学生的沟通机制，使学生的意见能够得到良好的反馈，逐步改进家政教育当前发展的弊病，扫除发展的障碍，给家政教育一个良好的未来。

（三）完善课程体系，理论结合实际

教育部相关部门应在充分进行社会调查与研究的基础上，结合社会当前热点与现实，参考历史上符合本国国情的家政学科体系，以及国外先进的家政学科体系的编制方法与原则，进行有指导性质的家政学课程体系的编制。各高等院校在开展家政学教育的同时，可参考该课程体系有针对性地对课程设置进行适度调整。

（四）细分专业方向，优化培养模式

在未来招生政策调整与招生规模扩大的基础上，进行专业方向的划分。可以根据现有课程体系划分为婴幼儿健康与发展、老年照护与教育等方向，并根据各方向的性质，有针对性地制定相应的课程体系与培养方

案，开展相关工作。同时，对于学生的学习也可以起到一个导向的作用，端正学生学习的态度，增强学生学习的主动性，发展学生的创新思维。

同时，应该加强对家政学专业学生的职业生涯规划与就业指导，让学生对未来有明晰的规划，将就业的压力转化为动力，正确认识自己的能力与专业，树立专业信心与正确的职业观念。

（五）理论结合实际，增加校企沟通

应根据现行实习制度暴露的问题，进一步完善实习制度。与相关行业协会进行沟通与合作，加强与企业的联系，建立实习实践单位与学校的定期联络、定期反馈制度。当然，也可以邀请实习单位的工作人员定期来校参与培训，进入大学课堂，熟悉学生的培养模式，同时增强企业人员自身素养，使校企双赢。还可以加强企业与学生间的联系，为学生们未来的择业就业做铺垫。

（编辑：王亚坤）

On Influencing Factors of Standardization of Home Service Industry Under the Background of the Integration of Industry and Education

XU Guixin

(School of Home Economics, Hebei Normal University, Shijiazhuang, Hebei 050024)

Abstract: Economic and social development and the needs of the people have put forward higher requirements for the standardization of home services. Under the background of the integration of industry and education, this study interviews graduates of home economics and analyzes the interview data by using

Nvivo and grounded theory analysis, thus revealing the influencing factors of the standardization of home service industry and putting forward some targeted suggestions.

Keywords: The Integration of Industry and Education; Home Service Industry; Home Economics

家政服务业经营管理中的女性参与研究
——基于江苏省数据分析

张雨昕　李梦博　赵　媛

（南京师范大学金陵女子学院，江苏 南京 210097）

摘　要：论文基于"天眼查"网络大数据，以江苏省13个地级市为研究单元，分析江苏省家政服务业经营管理中的女性参与状况。研究发现，在江苏省30319家家政企业中，法定代表人为女性的企业有11949家，占比为39.4%，虽然女性参与家政服务业经济管理的比例与其他行业相比相对较高，但相较于家政从业人员中女性90%以上的占比，这一比重还是很低的。具体来看，母婴服务类企业女性占比最高，养老服务类占比最低；规模较大的企业中女性占比较少；苏南地区家政企业数量最多，苏中地区数量最少，但从家政企业女性法定代表人占比来看，苏中地区最高。经济、社会、人口等多重因素影响家政服务业的发展，政府政策及妇联的推动与支持，对家政企业的发展也具有重要作用。因此，妇联应发挥主体作用，发展改革委注重源头牵引，商务部门、人社部门主动开展扶持工作，教育部门应注重思想引领，各部门协同加大培训赋能力度，以促进女性高质量参与家政服务业。

关键词：家政服务业经营管理；女性参与；江苏省

作者简介：张雨昕，南京师范大学金陵女子学院硕士研究生，主要研究方向为家政教育与家庭教育；李梦博，南京师范大学金陵女子学院硕士研究生，主要研究方向为家政服务与管理研究；赵媛，南京师范大学金陵女子学院教授、博士生导师。

引　言

家政服务业作为生活性服务业的重要组成部分，不仅关系"一老一小"等重大民生问题,还在扩大内需、促进就业、推进共同富裕等方面具有突出作用。[1]党中央、国务院高度重视家政服务业发展,习近平总书记指出,"家政服务业是朝阳产业,既满足了农村进城务工人员的就业需求,也满足了城市家庭育儿养老的现实需求,要把这个互利共赢的工作做实做好,办成爱心工程"。国外有关家政服务业发展的研究起步较早,国内研究起步稍晚但近年来逐渐增多,主要集中在家政服务业的产业特征及社会意义[2]、家政服务业发展现状及问题[3]、促进家政服务业发展的对策建议[4]等方面,还有学者选取特定家服企业作为研究案例,从管理角度出发,就家服企业发展的商业模式、品牌化建设等方面进行论述[5]。

我国家政服务从业人员以女性为主。人社部中国劳动和社会保障科学研究院课题组等2020年面向全国家政服务员的调查数据[6]显示,家政服务从业人员女性占比高达97.12%,其他各类调查显示女性占比也均在90%以上。家政服务业是女性就业的"优势行业",越来越多的家政阿姨成为其家庭的重要经济支柱,不仅为其带来经济条件上的变化,也促进其家庭地位的上升。促进家政服务业高质量发展,对促进女性就业,特别是解决农村女性就业及促进性别平等具有积极作用。因此,全国妇联始终把推动促进家政服务业发展作为己任,特别是近年来,全国各级妇联认真贯彻落实习近平总书记重要指示精神,在拉动内需、扩大就业、助力脱贫等方面推动"巾帼家政"取得了丰硕成果。2022年国家发展改革委、商务部以及

---

[1] 赵媛、鄢继尧、熊筱燕:《推动江苏家政服务业高质量发展》,《新华日报》2021年3月30日,第17版。

[2] 姜长云:《家庭服务业的产业特性》,《经济与管理研究》2011年第3期。

[3] 王秀贵、薛书敏:《当前我国家庭服务业发展的现状与趋势》,《现代农业研究》2019年第3期;鄢继尧、赵媛、熊筱燕等:《江苏省家政服务业发展现状及对策建议——基于网络大数据分析》,《江苏商论》2022年第6期;吴莹:《长春市家政服务业的市场规模及成长性分析》,《经济地理》2006年第6期。

[4] 孙学致、王丽颖:《我国家政服务业规范化发展问题研究》,《经济纵横》2020年第5期;鄢继尧、赵媛、熊筱燕:《以产教融合助力高素质家政人才培养》,《江苏教育》(职业教育版)2021年第10期。

[5] 刘凡华:《斑马电商云公司家政服务营销策略研究》,硕士学位论文,广西师范大学,2020;宋文洁:《"好慷在家"商业模式研究》,硕士学位论文,厦门大学,2017。

[6] 人社部中国劳动和社会保障科学研究院课题组、中国劳动学会联合北京中诚德汇教育科技有限公司:《2020年家政服务从业人员调查分析》,2020。

全国妇联等 11 部门联合印发了《关于推动家政进社区的指导意见》[①]，为更好地发挥妇联组织桥梁纽带作用、推动社区家政服务和社区妇女工作的互融互促，全国妇联又下发了《关于在推动家政社区中发挥妇联组织桥梁纽带作用的通知》，多措并举推进"巾帼家政"服务高质量发展。

众所周知，女性是家政服务的主要从业人员，但在家政服务业经营管理中女性的参与状况如何目前尚未有基于具体家政企业经营管理数据的研究。江苏省是我国东部沿海发达省份，早在 2014 年习近平总书记就指出，为全国发展探路，是中央对江苏的一贯要求。从建设"强富美高"新江苏，到"争当表率、争做示范、走在前列"，再到进一步强调"在高质量发展上继续走在前列"，2023 年 7 月习近平总书记亲临江苏考察时又强调，江苏有能力也有责任在推进中国式现代化中走在前、做示范。近年来，江苏省妇联推出一系列举措，把做好家政服务作为服务大局、服务妇女、服务家庭的重要抓手，推动全省巾帼家政服务高质量发展。因此，本文基于"天眼查"家政企业信息数据，对江苏省家政服务业经营管理中女性参与现状及问题进行剖析，提出对策建议，为促进女性更高质量参与家政服务业发展提供依据。

一　数据来源

"天眼查"是一款企业相关数据等公开信息查询系统。本文以"天眼查"数据系统为检索平台，对江苏省名称中带有"家政"的企业信息进行检索和分析。在营业范围中以"家政"为关键词，企业地域设置为"江苏省"，检索时间截至 2023 年 7 月 1 日，共检索到相关企业 30319 家。根据企业法人的姓名，结合其他相关材料确定企业法人的性别，将法人为女性的企业视为女性经营的家政企业。在全省 30319 家家政企业中，法定代表人为男性的总计 18370 人，女性总计 11949 人，女性占比为 39.4%，以此

[①] 《国家发展改革委等部门关于推动家政进社区的指导意见》（发改社会〔2022〕1786 号），https://www.gov.cn/zhengce/zhengceku/2022-12/21/content_5732988.htm。

为数据来源，分析江苏省家政服务业发展特点及家政服务业经营管理中女性的参与状况与特点。

鉴于家政服务企业经营业态众多，本文参照商务部的划分方法，将家政企业分为综合服务、保洁服务、母婴服务、养老服务4种类型进行探讨。此外，有限责任公司较个体户在投资主体、经营范围、税收征缴、清算程序等方面有更高的要求，因此家政服务企业类型为有限责任公司在一定程度上提供服务的能力较强。与此同时，注册资本是公司成立时注册登记的资本总额，尽管我国目前实行注册资本认缴制，企业只需在承诺的时限内缴完即可，且公司实际流水可能少于注册资本。但注册资本越高对外形象越好，公司的经济实力相对越雄厚。注册资本越高承担的风险就越高，承担的责任就越大，因此家政服务企业注册资本可在一定程度上反映企业规模化程度以及企业持续发展的能力，鉴于此，本文还对有限责任公司数量、注册资本等进行了分析。

二 江苏省家政服务业发展特点

（一）家政服务企业数量不断增长

2000年劳动和社会保障部正式确定"家政服务员"这一职业目录，家政服务业开始走上职业化发展道路。2000~2022年，江苏省家政服务企业数量呈不断增长态势，2000年新增家政服务企业只有14家，2022年新增家政服务企业为5288家（见图1）。

改革开放以后，一部分人先富起来，家政服务逐渐走进大众生活。同时，由于劳动就业体制改革，劳动力市场逐步建立，结束了计划经济时期"企业办社会"（企业承担社会职能）的现象，"单位人"开始向"社会人"转变，人们的家政服务需求逐渐转向由社会来满足。农村家庭联产承包制的实施，提升了劳动生产率，释放了大量的农村劳动力，且户籍管理制度的放松促使进城务工人员大量出现，为家政服务业发展奠定了劳动力供给基础。但当时家政服务以亲戚帮亲戚或托熟人介绍为主，正规注册的

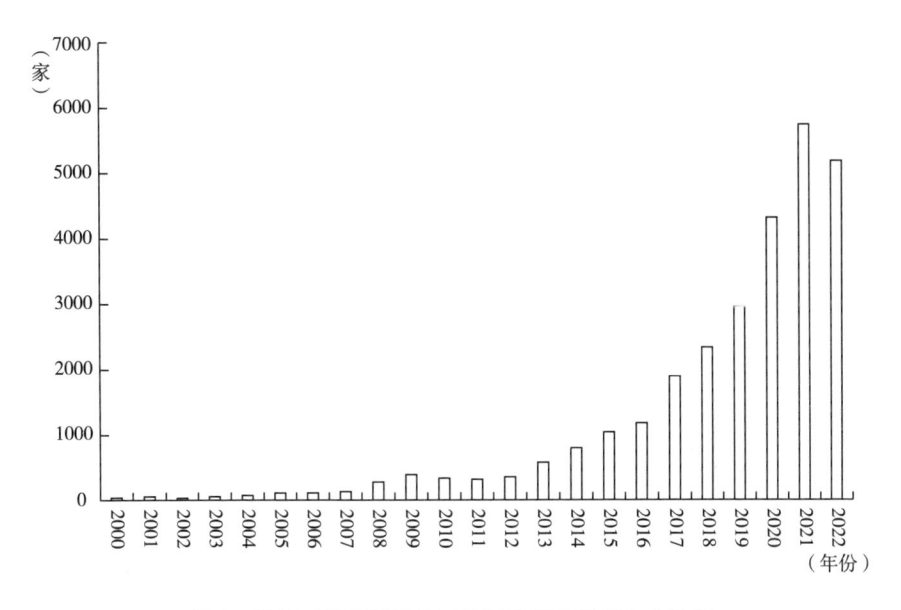

图1 2000-2022 江苏省每年新增家政服务企业数量

家服企业很少，因此，虽然从2000年开始家政服务业走上了职业化发展道路，但新增家政企业数量发展缓慢。2007~2008年，《国务院关于加快发展服务业的若干意见》和《国务院办公厅关于搞活流通扩大消费的意见》等出台，利好政策助推家政服务业的发展活力。2008~2009年，家政服务业呈增长态势，2009年新增家政服务企业387家。受国际金融危机的后续影响，2010~2011年新增家政服务企业数量出现负增长。党的十八大以来，居民对家政服务有了更高需求，家政服务企业数量出现快速增加，2017年达到1876家。党的十九大以来，江苏省经济实力、人均可支配收入进一步提升，加之全面二孩政策、三孩政策推进实施和老龄化程度不断加深，家政服务企业数量保持稳步提升，2018年、2019年江苏省新增家政服务企业分别达到2332家、2934家。2019年11月《国务院办公厅关于促进家政服务业提质扩容的意见》（以下简称《意见》）指出，家政服务业作为新兴产业，对促进就业、精准脱贫、保障民生具有重要作用；为促进家政服务业提质扩容，实现高质量发展，《意见》提出10方面36条重点任务（即"家政36条"），并要求国务院建立由国家发展改革委、商务部牵头的部际联席会议制度，各地要把推动家政服务业提质扩容列入重要工作议程，构建全社会协同推进的机制，确保各项政策措施落实到位。在"家政36条"及之后一系列政策的推动下，家政服务业发展进入快车道，2020年以来每年新增家政服务企业数量仍较多，2021年新增家政服务企业突破5000家，达到5746家，2022年虽然有所减少，但仍保持在5188家。

（二）绝大部分企业为综合服务型，部分企业开始提供专业化服务

目前江苏省家政服务企业经营范围仍较广泛。通过查询企业名称和经营范围，截至2023年7月1日，90.13%的家政企业为综合服务型。随着全面二孩、三孩政策的实施，人口老龄化和家庭小型化的发展，母婴服务、养老服务、保洁服务已成为江苏省家政服务业专业化、品牌化的代表，但比例还较低，专门从事母婴服务、养老服务和保洁服务的专业机构分别占家政企业总量的5.41%、2.18%和2.28%。

（三）以个体户和有限责任公司为主，企业规模总体偏小

截至2023年7月1日，正常营业的30319家企业中，类型包括个人独资企业、个体工商户、股份合作制、普通合伙、有限责任公司、民办非企业单位、国有企业等。其中，个体工商户总计22823家、有限责任公司总计6955家，分别占企业总数的75.28%和22.94%，合计达到98.22%，而其他类型的家政服务企业不到2%。从主营业务来看，提供综合性业务的公司中有79.45%的企业类型为个体工商户，主要提供母婴服务、保洁服务、养老服务的企业中分别有67.68%、63.06%、55.34%的企业为个体工商户，这说明提供专业化服务的企业更多采用公司化经营，尤其是提供养老服务的家政企业中，接近一半采用公司化经营。

家政服务企业注册资本的多少反映企业规模的大小以及企业持续发展的能力。江苏省家政服务企业仍以小规模经营为主，34.67%的企业注册资本在1万元及以下；企业注册资本为1万元以上10万元以下、10万元及以上100万元以下的企业占比分别为26.91%、27.01%；企业注册资本在

100 万元及以上 1000 万元以下的企业数量较少，仅占企业总数的 10.37%，企业注册资本在 1000 万元及以上的企业数量最少，共有 310 家，仅占企业总数的 1.02%，且主要是近几年成立的。

（四）发展区域差异较大，苏南地区数量最多

2023 年 7 月 1 日在营的 30319 家企业，苏南地区数量最多，有 17759 家，占比 58.57%，超过总数的一半；苏中、苏北地区分别占 15.66%、25.80%；苏中地区数量最少。从 13 个地级市来看，各市家政服务企业数量与全省总量均值（2332.2 家）的比值，仅苏南地区的苏州（2.3010）、常州（2.066）、南京（1.7288）三市和苏北地区的徐州市（1.1025）高于全省均值；苏南地区的无锡市（0.934）和苏中地区的南通市（0.8066）接近全省均值；苏中、苏北其他城市和苏南的镇江市家政服务企业数量较少，宿迁市为全省最低（0.4858），未达到全省均值的一半。

三 女性参与家政服务经营管理的特点及问题

在江苏省的 30319 家家政企业中，法定代表人为女性的企业有 11949 家，占比为 39.4%，虽然女性参与家政服务业经营管理的比例与其他行业相比相对较高，但相较于家政从业人员中女性 90% 以上的占比，这一比重还是很低的。具体来看，女性经营的家政服务企业还具有以下特点。

（一）母婴服务类企业女性占比最高，养老服务类占比最低

如前所述，江苏省家政服务业仍以综合服务型为主，其中女性作为法定代表人的企业占 44.1%，接近一半。其他三个细分领域中，专门从事母婴服务类的家政企业女性占比最高，达到 67.1%。而专门从事养老服务的企业占比最低，仅占 35.6%（见表 1）。

表1　不同类型企业女性经营管理者情况

单位：家,%

		综合服务型	母婴服务	养老服务	保洁服务
总数	30319	27327	1640	661	691
女性	11949	10319	1100	235	295
男性	18370	17008	540	426	396
女性占比	39.4	44.1	67.1	35.6	42.7

母婴服务主要是指对孕妇分娩后的心理、健康、饮食、体形及新生儿成长发育、健康成长、疾病护理等的一种服务，更适合女性，通常被称为"月嫂"，现在已有很多具备大中专婴幼儿照护或护理专业学历的高级护理人员，"月嫂"也被称为母婴护理师、育婴师。养老服务是为老年人提供包括生活起居护理、疾病护理、病后康复护理等在内的一种服务，对技能、体力等都有一定要求，男性经营管理者占比更高。随着家政服务专业化水平的提高和市场竞争的加剧，保洁服务也不再是"一块抹布、一把扫帚"的"清洁游击队"了，现代化的保洁理念、现代化的清洁设备、经过专业培训的保洁人员以及规范的工作流程，使越来越多的高学历年轻男性纷纷加入，保洁服务也成为家政行业中员工制比例最高的企业类型之一。

（二）规模较大的家政企业中女性占比较少

从企业的性质来看，江苏省家政企业22823家个体工商户中，法定代表人为女性的有9064家，占比39.71%；6955家有限责任公司中，法定代表人为女性的有2711家，占比38.98%，与企业数量的占比大致相同。从企业规模来看，9199家注册资本在1万元及以下的企业中，法定代表人为女性的有3093家，占比33.62%；企业注册资本1万元以上10万元以下的10482家企业中，法定代表人为女性的4332家，占比41.33%；企业注册资本在10万元及以上100万元以下的企业为8184家，其中法定代表人为女性的3269家，占比39.94%；企业注册资本在100万元及以上1000万元以下的企业有3144家，其中法定代表人为女性的1168家，占比37.15%；企业注册资本在1000万元及以上的企业有310家，其中仅有89家是女性法定代表人，占比仅为28.71%。这些规模较大的企业，数量虽然不多，但在促进女性发展和女性就业中发挥了重要作用。如由女性管理者经营的盐城市江苏邦洁仕家政服务有限公司，注册资本1000万元，是江苏省注册资本较高的企业之一，该公司专门从事保洁服务，在盐城市享有较高知名度；再如，宿迁市江苏乔嫂家政服务有限公司不仅自身企业发展良好，还积极提供优质师资参与到泗洪县妇联举办的"四全工程"保育员培训班，为提升留守妇女就业技能贡献力量。

（三）苏中地区家政企业女性经营管理者占比最高

从江苏省家政服务企业数量来看，苏南地区数量最多，苏中地区数量最少；但从家政服务企业女性法定代表人占比来看，苏中地区却最高，苏中3市女性企业占比均超过41%，其中占比最高的为扬州市，达到48.34%。苏南地区女性企业占比差异较大，常州市女性家政企业占比最小，仅有26.7%；而镇江、无锡、苏州均超过40%，其中镇江市虽然家政总数较少，但女性企业占比达到45.64%，仅次于扬州。苏北地区的连云港市、徐州市女性家政企业占比较高，其中连云港市为44.32%，位列全省第三；宿迁作为企业总数最少的城市，女性企业占比也相对较少，为35.04%（见表2）。

表2 不同地区及城市女性经营管理者情况

单位：家，%

地区	城市	企业总数	女性企业数量	男性企业数量	女性占比
苏南	南京	4032	1537	2495	38.12
	无锡	2178	942	1236	43.25
	常州	4818	1286	3532	26.69
	苏州	5366	2260	3106	42.12
	镇江	1365	623	724	45.64
苏中	南通	1881	789	1092	41.95
	扬州	1326	641	685	48.34
	泰州	1541	675	886	43.80

续表

地区	城市	企业总数	女性企业数量	男性企业数量	女性占比
苏北	徐州	2571	1121	1450	43.60
	连云港	1144	507	637	44.32
	淮安	1240	500	740	40.32
	盐城	1734	682	1052	39.33
	宿迁	1133	397	736	35.04

家政服务业发展受经济、社会、人口等多种因素的影响。经济社会发展水平高的城市，居民消费能力强，对家政服务的需求更旺盛；另外，家政服务业发展水平高的城市，居民可通过购买家政服务来解决家庭事务的后顾之忧，既有利于提高全要素生产率，又能推动经济社会的发展。家政服务需求的主体是人，人口规模和结构等更是直接影响家政服务业的发展。从江苏省来看，苏南地区和苏北地区家政企业的发展与经济社会发展的关联度更高，苏州、南京等家政服务业发展水平相对较高的城市，家政服务需求也是较大的，如2019年苏州的地区生产总值是宿迁的6.21倍，同时苏州的在营家服企业数量是宿迁的5.05倍，两者呈明显的正相关。由于家政服务属于改善性需求，必须以较强的经济实力、足够的支付力为支撑，因此家政服务业发展与人均GDP、第三产业占GDP比重、城镇居民可支配收入、城镇居民人均消费支出等均有较高的关联度。苏中地区65岁及以上老人占常住人口比重的均值为19.44%，为各地区最高，也是促使其家政服务业发展的重要因素。此外，政府政策及妇联的推动与支持，对城市家政企业的发展也具有重要作用。如扬州市作为江苏省两个国家"促进家政服务业提质扩容领跑者行动重点推进城市"（简称"家政领跑城市"）之一，将家政服务业列为市现代服务业十大重点产业之一，政府高度重视家政服务业发展，将其纳入市现代服务业发展总体规划，将家政服务机构纳入市服务业政策享受范围。市政府成立家政服务业工作领导小组，单列专项政策，从行业发展、财税政策、技能培训等方面加大对行业的扶持力度；出台《扬州市家庭服务业岗位补贴和社会保险补贴实施办法》《扬州市现代服务业提质增效三年行动计划》等政策文件，引领家政

行业标准化、规范化建设。再如，盐城市专门出台《盐城家政服务劳务品牌建设实施意见》，建立了包括人社、发改、财政、商务、民政、妇联等13个部门在内的家政品牌建设联席会议制度，培育了"盐城美家师""盐都悦家师""射阳好阿姨""亭湖亭巧嫂"等一大批"盐城家政"特色品牌。

四 促进女性高质量参与家政服务业的建议

2022年8月习近平总书记在辽宁考察时强调，"老人和小孩是社区最常住的居民，'一老一幼'是大多数家庭的主要关切"，"要聚焦为民、便民、安民，更好满足居民日常生活需求"。国家发改委、商务部、人社部、教育部及各级妇联、各级政府始终以服务大局、服务妇女、服务家庭为着力点，在深入实施"家政服务提质扩容行动"、切实推动家政服务业高质量发展中做了大量卓有成效的工作。为了进一步促进女性高质量参与家政服务业，提出如下建议。

（一）妇联应发挥主体作用，"联动"资源加大对女性家政服务企业的支持力度

妇联作为党和政府联系妇女群众的桥梁和纽带，具有鲜明的政治性，在妇女和社会中都具有较高的影响力和公信力，首先要充分发挥妇联组织的桥梁纽带作用，与国家发展改革委、商务部、人社部等相关部门联动，整合各种资源，加大对女性家政服务企业的支持力度。就江苏省而言，目前江苏省家政服务业发展区域差异仍较大，苏州、南京等家政服务业发展水平相对较高的城市也是家政服务需求较大的，在自身提质扩容的同时，一方面应积极将自身运营管理技术、标准化流程等优势向其他城市外溢，对当地和邻近城市家政服务员开展专业、系统、持续的培训。另一方面，应加强与其他城市交流与合作，以自身的市场需求带动家政服务业发展水平相对较低城市的发展。此外，宿迁、连云港等家政服务业发展水平相对较低的城市应着力补足短板，对企业给予税费优惠政策，加大社保补贴力

度,支持家政服务企业发展,既满足居民需求又带动女性就业。

(二)各级发展改革委应注重源头牵引,优化妇女参与家政服务业发展环境

各级发展改革委应联合相关机构开展"家政服务业女性创业就业"研究,形成有针对性的对策建议,推动政府进一步完善相关法律法规和政策机制。引入性别视角,推动健全家政服务业从业女性劳动权益保障制度,制定并推动实施性别平等政策,确保女性在职场中享有与男性平等的机会和待遇,为参与家政领域发展的女性提供更加充分、公平、高质量的就业创业保障和支持。

(三)商务部门、人社部门主动开展扶持工作,支持女性在家政领域创业就业

商务部门应积极提供相关的创业扶持政策和资金支持,鼓励女性创办家政企业,并提供创业指导和咨询服务。商务部门可以提供更多的市场准入机会,包括公平的商业竞标、采购和招投标等,推动创办巾帼示范基地,进一步提高女性创业就业的认识、信心和本领。人社部门应积极鼓励家政企业推广灵活的工作制度,如弹性工作时间、远程办公等,帮助女性在工作与家庭之间取得平衡,并为女性提供更多追求企业管理者职位的机会。提供职业发展指导,提供相关的职业咨询和培训资源,组织线上、线下女企业家分享交流活动,提供资源链接,搭建人脉圈子,帮助女性家政企业快速成长,提升女性在职场中的竞争力和发展潜力。

(四)教育部门应注重思想引领,提高女性参与家政服务管理的主动性

教育部门应保证女性在教育领域获得平等的机会,包括基础教育、高等教育和职业培训等。在学校教育中注入女性领导力培养的元素,鼓励女性积极参与社团组织和项目管理等活动,培养她们的领导才能和管理能力。推动校企合作,为学生提供实习和实践机会,让她们能够接触真实的商业环境,积累实践经验。同时,选聘具有丰富管理经验和研究能力的女性教师和导师,她们可以成为女性学生的榜样和指导者。

(五)协同加强培训赋能,提升女性参与家政服务业发展的能力

各部门要协同争取各级政府、企事业单位、团体组织、网络平台等的资金、师资、课程等资源,组织女性积极参与提升家政综合素养和专业技能的培训,帮助她们获得必要的知识和技能,以胜任高级管理职位,如领导力培训、管理技能培训等。支持建立和推广职业导师计划,使有经验的家政企业管理者指导女性专业发展,拓宽女性进入企业管理领域的途径。同时,通过各种渠道宣传成功的女性家政企业家的榜样和案例,鼓励更多的女性参与家政服务企业管理岗位的竞争。

(编辑:王亚坤)

Women Participation in the Management of Home Service Industry Based on a Data Analysis of Jiangsu Province

ZHANG Yuxin, LI Mengbo, ZHAO Yuan

(Ginling College, Nanjing Normal University, Nanjing, Jiangsu 210097)

Abstract: Based on "TianYanCha" big data network, this paper explores the participation of women in the management of the home service industry in 13 prefecture-level cities in Jiangsu Province. It is found that out of the 30,319 home service companies in Jiangsu Province, 11,949 companies have female legal representatives, accounting for 39.5%. Although the proportion of women participating in the economic management of the home service industry is relatively high compared with other industries, it is still very low in light of the over 90% women proportion of the home service practitioners. Specifically, the highest proportion goes to women in the maternal and baby service category and the lowest in the elderly care service category. Larger-scale companies have a lower proportion of women. The southern region of Jiangsu Province has the highest number of home service companies, while the central region has the lowest number, but the central region has the highest proportion of female legal representatives in home service companies. The development of the home service industry is influenced by multiple factors such as the economy, society, and population. Government policies and support from women's federations also play an important role. Therefore, women's federations should play a leading role, the Development and Reform Commission should focus on leading from the root, the Ministry of Commerce and the Ministry of Human Resources and Social Security should take the initiative to provide support, the educational departments should focus on guiding ideology. All departments should work together to increase training and empowerment to promote women's high-quality participation in the home service industry.

Keywords: Management of Home Service Industry; Women participation; Jiangsu Province

• 家政教育 •

影响台湾地区科技大学家政群学生就业力认知与就业意愿相关因素之研究

林儒君

(台南应用科技大学生活服务产业系,台湾台南 710302)

摘 要:本文旨在探讨科技大学家政群学生就业力认知与就业意愿相关因素,借以了解科技大学家政群学生个人背景变项在就业力认知与就业意愿的差异,并探讨就业力认知与就业意愿的相关情形。本文采问卷调查法,以科技大学家政群学生为研究对象,共计有效样本291份。以就业力认知量表、就业意愿量表为研究工具,问卷资料经整理及统计分析后,主要研究发现如下:①女生在就业力认知之一般知能的得分高于男生受试者;受试者在就业力认知不因工读或实习经验的不同而有显著差异。②有实习经验的受试者在就业意愿之行为之得分高于无实习经验者。③就业力认知之一般知能、专业知能与就业意愿之态度、行为皆达显著性正相关。④专业知能、一般知能、工读经验对就业意愿之态度有较高的预测力。专业知能、一般知能、实习经验、工读经验对就业意愿之行为有较高的预测力。

关键词:就业力认知; 就业意愿; 科技大学家政群学生

作者简介:林儒君,台南应用科技大学生活服务产业系助理教授,中国文化大学家政学硕士。主要研究领域为人际关系、婚姻与家庭以及消费行为。

一 绪论

(一)研究动机

Super 的[①]职涯发展理论认为一个人的职业发展有5个主要的阶段:成

---

① D. E. Super, A Life-Span, Life-Space Approach to Career Development, Journal of Vocational Behavior, 1980 (16): 282-298.

长、探索、建立、维持和衰退阶段。其中探索阶段（15~24岁）的主要任务为通过学校学习进行自我考察、角色鉴定和职业探索来完成择业及初步就业。在这个阶段大学生可以通过学校安排的活动进行探索，思考自己未来可以从事哪些职业，使其职业取向明确化。

在经济快速变迁的时代中，高等教育应该强化学生的就业能力，强调专业领域的培养与长期生涯发展，是让大学生能找到工作，并且有能力转换到不同专业领域就业。① 换句话说，大学的教育目的不仅是培养专业能力，也在于培养学生未来职场的就业能力。就业力是个人在经过学习过程后，能够具备获得工作、保有工作以及做好工作的能力。② 简单地说，就业力就是获得及持续完成工作的能力。

然而，台湾地区统计事务主管部门③统计数据显示，20~24岁的失业人口占所有失业人口年龄层的22.34%，而学历为大学及大专者，又分别占所有失业人口的41%和11%（《人力资源调查统计年报》）。由数据得知，即使接受过高等教育也无法保证能顺利就业。也就是说，大学毕业生所具备的专业技能与企业所期待的大学毕业生所应具备的专业技能及综合性发展能力已产生严重偏差，这样的偏差使大学生在工作时产生了工作压力，并降低其工作表现和就业意愿。④ 当大学生对产业及工作性质的信息了解不足，加上学校教育不能充分配合产业转型及就业需求，学生本身也缺乏对职业发展的规划时，容易造成毕业即失业的窘境。

家政群培养学生具备家政相关产业所需知识与实操技能，并融入产业发展趋势，与产业技术接轨，强化技术服务能力与态度，是以人为服务导向。⑤ 尤其家政相关产业大都偏向于服务业（例如服饰零售服务、门市

---

① 刘孟奇、邱俊荣、胡均力：《在正式教育中提升就业力——大专毕业生就业力调查报告》，2006。
② L. Harvey, W. Locke, & A. Morey, Enhancing Employability, Recognising Diversity, London: Universities UK, 2002.
③ 《人力资源调查统计年报》，2020。
④ 江晓茹：《浅谈台湾大学生之理论、实务技能及软实力之结合提升》，《台湾教育评论月刊》2015年第1期。
⑤ 柯澍馨、陈彦呈、蒋名宸、杨家芸：《高职家政群学生学习态度、学习成效与就业意愿之研究》，《辅仁民生学志》2021年第1期。

服务、花艺工作、美容与时尚造型等），人员的流动性相当高，很难保持服务质量的一致性。因此，本文想探讨科技大学家政群学生个人背景变项对其就业力认知的影响及就业力认知与就业意愿的关系。

（二）研究目的

1. 探讨不同背景变项（性别、工读经验、实习经验）的科技大学家政群学生对其就业力认知的差异。
2. 探讨不同背景变项（性别、工读经验、实习经验）的科技大学家政群学生对其就业意愿的差异。
3. 了解科技大学家政群学生就业力认知与就业意愿的相关性。
4. 探讨不同背景变项（性别、工读经验、实习经验）的科技大学家政群学生就业力认知对就业意愿的解释力。

（三）研究问题

1. 不同背景变项（性别、工读经验、实习经验）的科技大学家政群学生对就业力认知的差异为何？
2. 不同背景变项（性别、工读经验、实习经验）的科技大学家政群学生对就业意愿的差异为何？
3. 了解科技大学家政群学生的就业力认知与就业意愿的相关情形为何？
4. 探讨不同背景变项（性别、工读经验、实习经验）的科技大学家政群学生的就业力认知对就业意愿的解释力为何？

（四）名词解释

1. 就业力认知

就业力是指能获得初次就业、保持就业以及在必要时获得新就业的能力，且就业力包含了三大核心架构及八项就业力技能。[①] 本文对就业力认知的定义为个体对整体就业市场环境的了解及自我工作能力的具备程度

[①] 《在正式教育中提升就业力——大专毕业生就业力调查报告》，2006。

评估。

2. 就业意愿

就业意愿为个人符合某一工作,即该工作的需求能和个人所学相结合,使得对该工作产生决策的过程,且因对该工作具有一价值观点,让他们更倾向进入该产业。[1] 本文对就业力认知的定义为个体对整体就业市场环境的了解及自我工作能力的具备程度评估。

3. 科技大学家政群学生

在本文中指某一科技大学家政群（生活服务产业系、美容造型设计系、服饰设计管理系、时尚设计系）日间部四技学生。

二 文献探讨

（一）就业力认知的相关研究

就业力是指个人能获得工作、保持就业,以及在必要时能获得新就业机会的能力。[2] Saterfiel 与 Mclarty[3] 认为就业力可以使个人获得工作并持续保有工作的能力。就业力会受到劳动力市场与个人背景的影响而有所不同,若只拥有工作需要的相关知识、技能与态度,在劳动力市场上是无法与他人竞争的,还需要有能力扩展就业能力,并且全力发挥此能力。[4]

王如哲[5]提出就业不等于就业力,认为就业指大学毕业生是否可以在短时间内顺利进入职场,而就业力还包含大学毕业生在职场上是否会因专业领域环境的不同,培养出适应不同环境的职场能力,并在职场上具有竞争能力。就业力所要满足的不只是找到一份工作,而且能找到与自己所受

---

[1] D. E. Super, *The Psychology of Careers*, N. Y. : Harper and Row, 1957.
[2] A. McLeish, Employability Skills for Australian Small and Medium Sized Enterprises, Department of Education Science and Training, Canberra, 2002.
[3] T. H. Saterfiel & J. R. McLarty, Assessing Employability Skills, ERICDigest (selected) (073). ERIC Reproduction Service No. ED391109, 1995.
[4] J. Hillage and E. Pollard, Employability Developing a Framework for Policy Analysis, Department for Education and Employment, London, 1998.
[5] 王如哲:《评鉴大学绩效的新指标——就业力》,《评鉴双月刊》2008 年第 15 期。

的教育相称,且具有发展潜力的工作。① 在台湾地区相关机构的大专毕业生就业力报告中,将就业力分为基本就业力与核心就业力,并将核心就业力细分出就业力技能。② 当个人拥有持续获得知识、技能和态度的能力,并能将学习经验适度转化时,在工作职场中就能长期而持续地创造出企业所期望的绩效。③ 另外,Tomlinson④也提及强化大专青年就业力的实施方法,首重培养其核心就业能力,不仅要充实专业技能,而且要培养对该工作应有的态度及个人特质。

本文对就业力认知的定义为个体对整体就业市场环境的了解及自我工作能力的具备程度评估。宋广英⑤研究显示,在学生性别、有无工读经验、就读学校体系的比较方面,工读的工作表现、参与动机呈现部分显著差异,但在提升就业力方面尚未达显著差异。不同性别、社团参与情形及工读经验对于就业力发展有显著差异。⑥ 而郑博真⑦以科大应届毕业生为研究对象,也发现在整体核心就业力、自我管理、终身学习、科技应用、表达沟通、团队合作、职涯规划、职场认知方面女生表现优于男生。因此,本文想探讨科技大学家政群学生性别不同对就业力认知是否有所差异。

Curtis与Shani⑧曾对英国曼彻斯特都会大学进行研究,指出该校学生近55%有工读兼职,且大学生工读的比例有逐年增加的趋势。陈正良指出在过去十年间,台湾大学生在学期间并从事工读的时间共增加38%;透过

---

① L. D. Dacre Pool, & P. Sewell, The Key to Employability: Developing a Practical Model of Graduate Employability, *Education and Training*, 2007 (4): 277-289.
② 《在正式教育中提升就业力——大专毕业生就业力调查报告》,2006。
③ 张吉成:《电子商务企业期望之毕业生就业力——以科技大学为例》,《创新与管理》2011年第4期。
④ M. Tomlinson, Graduate Employability and Student Attitudes and Orientations to the Market, Journal of Education and Work, 2007 (20): 285-304.
⑤ 宋广英:《大专生工读参与动机及工作表现对就业力影响之研究——以暑期小区产业工读为例》,硕士学位论文,台湾师范大学,2009。
⑥ 萧宇芳:《大学生校园投入经验与就业力发展关系之研究——以北部私立大学为例》,硕士学位论文,台湾师范大学,2019。
⑦ 郑博真:《科大应届毕业生核心就业力表现与职涯辅导参与之研究》,《台湾科技大学人文社会学报》2017年第1期。
⑧ S. Curtis, & N. Shani, The Effect of Taking Paid Employment During Term-time on Students' Academic Studies. *Journal of Further and Higher Education*, 2002 (2): 129-138.

职场体验，能运用所学将其发挥于职场上，可以提升学生的就业力技能。[1]田弘华和田芳华[2]研究指出，在学期间拥有工读经验者胜于无经验者。尤其在大四时的工作经验因接近毕业后即投入就业市场的时机，故更被视为能否延伸就业力表现的参考。萧宇芳[3]认为不同工读经验对于就业力发展有显著差异。因此，本文想探讨科技大学家政群学生工读经验不同对就业力认知是否有所差异。

校外实习是一种获取经验的学习方式，目的在于让学生能够借校外实习课程，提早了解职场，具有职业试探的意义。[4] 实习经验对学生的职业发展与就业意愿有深远的影响[5]。

李姵筑[6]表示参与实习课程的受访者在就业力上有显著差异。其大学毕业生也认同实习有助于就业力提升，且以建教合作、实习制度及加强证照取得的就业教学措施最有帮助。服务业的学生若有负面的实习经验，会影响学生未来的就业意愿。[7] 因此，推动实习制度，强化大学生对社会职场需求的响应力，缩短企业用人的适应期，从中学累积实务经验，消除产学之间的偏差。在职场体验过程中，学习经验的累积有助于大学毕业生职场就业力的提升，可奠定未来正式就业机会的优势。[8] 当台湾大学生到海

---

[1] G. Crebert, M. Bates, B. Bell, Patrick C-J, Cragnolini V. Developing Generic Skills at University, During Work Placement and in Employment: Perceptions. *Higher Education Research & Development*, 2004 (2): 147-165.

[2] 田弘华、田芳华：《大学多元入学制度下不同入学管道之大一新生特性比较》，《人文及社会科学集刊》2008年第4期。

[3] 萧宇芳：《大学生校园投入经验与就业力发展关系之研究——以北部私立大学为例》，硕士学位论文，台湾师范大学，2019。

[4] 侯奕安：《五专学生校外实习满意度因素之探讨——以东部某专科学校为例》，《联大学报》2020年第1期。

[5] A. Farmaki, Tourism and Hospitality Internships: A Prologue to Career Intentions? *Journal of Hospitality, Leisure, Sport & Tourism Education*, 2018 (23): 50-58.

[6] 李姵筑：《我国金融保险学群学生就业力之研究》，硕士学位论文，朝阳科技大学，2007。

[7] G. Siu, C. Cheung, & R. Law, (2012). Developing a Conceptual Framework for Mmeasuring Future Career Intention of Hotel Interns. *Journal of teaching in travel & tourism*, 2012 (2): 188-215.

[8] 王丽斐、乔虹：《大专校院职涯辅导单位现况与需求探究》，台北市教育部青年发展署，2015。

外实习的适应情况越低时，其就业意愿会变低，反之，其就业意愿会跟着提高。[1] 现今技专校院对于学生至业界实习相当重视，通过职场体验，学生能够印证在校所学与职场之间的关联。美容、美发属于家政群的相关科系，学生实习工作内容多为重复性的例行工作，而服饰零售服务、花艺工作与顾客互动密切，除了需保持高度服务精神与工作热忱外，其面对职场环境的适应及就业知能的学习也是非常重要的。因此，本文想探讨科技大学家政群学生实习经验不同对就业力认知是否有所差异。

（二）就业意愿的相关研究

就业意愿是个体根据自身的兴趣爱好并综合自己的工作能力等就自己对于未来职业规划和目标所做出的职业选择。[2] 就业意愿会受到个人及环境两者交互作用的影响，寻找一个可以满足个人适应倾向的状态，也就是个人的职业满足稳定、成就等，均与个人特质及工作环境的调和有关。[3]

就业意愿是指个人依照自身能力、兴趣以及对工作价值观和未来职业的认知所进行的职业选择，是个人达成未来就业目标的一种意图。[4]

梁淑贞、林平和[5]指出就业意愿在性别间无显著性差异，不同的性别在就业意愿各变量间无显著差异。[6] 吴育安[7]的研究发现高职美发科的学生，在毕业后投入职场的意愿会因为性别的不同而产生明显的不同。

---

[1] 廖家莹：《南投县教保服务人员工作压力、休闲活动参与及教师自我效能之研究》，硕士学位论文，亚洲大学，2018。

[2] 柯澍馨、陈彦呈、蒋名宸、杨家芸：《高职家政群学生学习态度、学习成效与就业意愿之研究》，《辅仁民生学志》2021年第1期。

[3] Holland, J. L., Making Vocational Choice: A Theory of Vocational. Personalities and Work Environment (2nd). Englewood Cliffs, N. J.: Prentice-Hall, 1985.

[4] 李宏才、常雅珍、林冠良：《北区技职院校幼保应届毕业生工作价值观与就业意愿之研究》，《长庚科技学刊》2012年第16期。

[5] 梁淑贞、林平和：《大学职能导向课程对应届毕业生就业意愿之影响——以化妆品应用系为例》，《南亚学报》2016年第36期。

[6] 李婉柔：《南部科技大学商管学生之实习成效分析：自我效能及未来就业意愿之探讨》，硕士学位论文，树德科技大学，2010。

[7] 吴育安：《美发业高职建教合作工作价值观、实习满意度与其就业意愿之相关研究》，硕士学位论文，中国文化大学，2009。

黎丽贞[1]认为不同性别的求职者，对于生涯的规划、就业的选择以及稳定性有显著差异。因此，本文想探讨科技大学家政群学生不同性别对就业意愿是否有所差异。

刘修祥、陈丽文[2]对于高职生的就业意愿研究发现，曾经有工读或实习经验的学生有超过五成对未来就业认为有正向的帮助。学生通过校外实习，可以学习到实用的工作技能与人际关系技巧，并养成独立的精神，增加社会经验。[3]

林芯羽[4]指出就业意愿会受到个人的背景或环境因素等影响。根据台湾地区统计事务主管部门资料，截至2023年5月，调查发现，服务业中的运输及仓储业为工时最长行业，其次为不动产业，而美发及美容美体业则名列第三。美容与时尚造型产业从业者的工作时间长、工作压力大，面对竞争激烈的环境，以及顾客各种多元的要求，美容从业人员更为兢兢业业[5]，这个行业工作辛苦，容易产生工作倦怠，工作职场也存在高流动性现象。

因此，本文想探讨科技大学家政群学生实习经验的不同对就业意愿是否有所差异。

大学毕业生就业力调查报告中，七成以上毕业生对踏入职场时所具备的受聘能力具有一定的信心，且表示工读经验对未来就业意愿有显著影响。有工读经验的科大生，能从工读体验中学习成长、培养团队合作，提升未来就业意愿。[6] 由此可知，工读经验可增加对职场的认识，了解职场文化，拓展人脉关系。因此，本文想探讨科技大学家政群学生工读经验的不同对就业意愿是否有所差异。

---

[1] 黎丽贞：《大学女生性别角色、生涯自我效能、生涯阻碍与职业选择之相关研究》，硕士学位论文，高雄师范大学，1997。

[2] 刘修祥、陈丽文：《高雄市高职餐饮管理科应届毕业生就业意向之探讨》，《技术及职业教育》2000年第58期。

[3] 容继业、曹胜雄、刘丽云：《专科餐旅教育"三明治教学制度"实施之认知研究——教师观点》，《高雄餐旅学报》2000年第3期。

[4] 林芯羽：《服装相关学系学生工作价值观就业意愿与专业知能之探讨》，硕士学位论文，屏东科技大学，2016。

[5] 郭彦谷：《台北市美容从业人员其工作压力、情绪智能与工作绩效之关联性研究》，《美容科技学刊》2020年第1期。

[6] 宋广英：《大专生工读参与动机及工作表现对就业力影响之研究——以暑期小区产业工读为例》，硕士学位论文，台湾师范大学，2009。

三 研究方法

本文的研究目的是探讨科技大学家政群学生背景变项、就业力认知与就业意愿间的关系。根据研究目的及相关文献，配合研究问题与假设，建立本研究架构（见图1）。

（一）研究架构

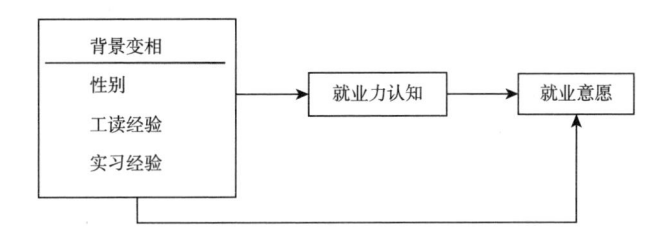

图 1 研究架构

（二）研究对象

本文主要探讨科技大学家政群学生就业力认知与就业意愿的相关情形。本文研究限于人力、物力及抽样的便利性，采用立意抽样，施测对象为某一科技大学家政群大四学生。问卷共发放370份，回收335份，剔除填答不完整者，有效问卷291份，有效回收率86.9%。

（三）研究工具

1. 基本数据

性别、工读经验、实习经验。

2. 就业力认知量表

本文采用杨雅如[①]东部地区大学生就业力知觉调查问卷及台湾大专毕业生就业力调查报告，并加以编修而成。同时为了解本量表的建构效度，进行因素分析。先以 KMO 值（Kaiser Meyer-Olkin value）判断是否适宜进

---

① 杨雅如：《东部地区大学生就业力知觉调查研究》，硕士学位论文，台湾东华大学，2011。

行因素分析[①]，再用主成分分析法（principal component analysis）及equamax法检定其因素结构，选取特征值大于1.00的因素，且删除因素负荷量小于0.55的题目，共萃取一般知能（7题）、专业知能（6题），2个因素共可解释63.54%的变异量。正式施测后，就业力认知量表整体信度Cronbach's α值为0.825，显示此量表的内部一致性良好（见表1）。正式量表题目为6题，采五点量表计分，以5表示非常同意，1表示非常不同意，分数越高，表示越有就业力的认知情形。

表1 就业力认知量表因素分析

	题目内容	因素负荷量	解释变异量 个别	解释变异量 累计
一般知能	我了解如何与团体互动合作	0.546	33.53	33.53
	我能将所学的发挥于职场上	0.691		
	我拥有创新的能力	0.791		
	我愿意学习新事物并拥有可塑性	0.881		
	我能规划自我职涯发展与目标	0.798		
	我能了解职场变动与发展趋势	0.697		
	我具备自我营销的能力	0.753		
专业知能	我能发现问题并寻求解决的管道	0.735	30.01	63.54
	我具备计算机的基础操作能力	0.880		
	我拥有流利的外语能力	0.797		
	我具备职场的国际观	0.652		
	我拥有专业证照及职场相关能力	0.662		
	我具备领导力并了解如何领导	0.579		

3. 就业意愿量表

本量表以李宏才、常雅珍、林冠良[②]的就业意愿量表和杨家芸[③]的就业

[①] 吴明隆：《SPSS统计应用实务》，中国铁道出版社，2000。
[②] 李宏才、常雅珍、林冠良：《北区技职院校幼保系应届毕业生工作价值观与就业意愿之研究》，《长庚科技学刊》2012年第16期。
[③] 杨家芸：《高职美容科学生学习态度、学习成效与就业意愿》，硕士学位论文，中国文化大学，2017。

意愿量表为依据并参考相关文献编制而成,其内容主要在衡量受测者对未来就业意愿的程度。同时为了解本量表的建构效度,进行因素分析。先以KMO值判断是否适宜进行因素分析①,再以主成分分析法及equamax法检定其因素结构,选取特征值大于1.00的因素,且删除因素负荷量小于0.546的题目,共萃取态度(3题)、行为(3题),2个因素共可解释51.11%的变异量。正式施测后,就业意愿量表整体信度Cronbach's α值为0.893,显示此量表的内部一致性良好(见表2)。正式量表题目为6题,采五点量表计分,以5表示非常同意,1表示非常不同意,分数越高,表示就业意愿越积极。

表2 就业意愿量表因素分析

	题号	题目内容	因素负荷量	解释变异量 个别	解释变异量 累计
态度	2	未来工作或就业时,我会优先选择与原先实习之相关行业	0.892	26.57	26.57
态度	3	我认为业界实习对我毕业后进入职场有帮助	0.667		
态度	1	毕业后我打算从事与工读/实习相同产业的工作	0.546		
行为	4	毕业后我会学以致用投入该产业就业	0.842	24.54	51.11
行为	5	我希望未来能继续留在实习的单位工作	0.837		
行为	6	实习结束后,我有意愿投入职场	0.804		

(四)统计方法

本文以SPSS22.0版统计软件进行数据处理,使用以下统计方法。

1. 以独立样本T检定进行就业力认知、就业意愿差异性显著考验。

---

① 吴明隆:《SPSS统计应用实务》,中国铁道出版社,2000。

2. 以独立样本 T 检定进行工读经验与实习经验对就业意愿是否有差异性。

3. 以皮尔森积差相关进行就业力认知、就业意愿的研究变项间相关程度分析。

4. 以背景变项（性别、工读经验、实习经验）、就业力认知为自变项，以就业意愿为依变项，以逐步多元回归分析了解各变项对就业意愿是否有显著解释力。

四 研究结果

（一）不同背景变项在科技大学家政群学生就业力认知的差异比较

1. 不同性别的科技大学家政群学生的就业力认知差异分析

不同性别的科技大学家政群学生的就业力认知差异分析结果如表 3 所示，不同性别的受试者在就业力认知的一般知能（t=-1.76，$p<0.01$）差异显著、专业知能（t=-1.59，$p>0.05$）未达显著差异；在就业力认知的一般知能上，女大学生平均分数显著高于男大学生。此与林淑和李育齐[①]研究结果相近；不同性别的大学生在某些核心就业力上有所差异，各有不同的表现能力，以面对未来的就业。

表 3 不同性别的科技大学家政群学生的就业力认知差异

就业力认知	性别	样本数	平均数	标准偏差	t 检定
一般知能	男	131	40.94	7.00	-1.76**
	女	160	42.28	5.92	
专业知能	男	131	32.58	4.82	-1.59
	女	160	33.48	4.80	

注：$**p<0.01$，$*p<0.05$。

2. 不同工读经验的科技大学家政群学生的就业力认知差异分析

不同工读经验的科技大学家政群学生的就业力认知差异分析结果如表

---

① 林淑、李育齐：《大学生社团服务学习参与经验与就业力关系研究——以台湾北区大学生为例》，《学生事务与辅导》2014 年第 1 期。

4所示，不同工读经验的受试者在就业力认知一般知能、专业知能（t=-.76，p>0.05；t=-1.93，p>0.05）上皆未达显著差异。表示受试者的就业力认知并不会因工读经验的不同而受影响。

表4　不同工读经验的科技大学家政群学生的就业力认知差异

就业力认知	工读经验	样本数	平均数	标准偏差	t检定
一般知能	有	223	41.52	6.36	-0.76
	无	68	42.19	6.77	
专业知能	有	223	32.78	4.51	-1.93
	无	68	34.06	5.65	

注：*$p<0.05$。

3. 不同实习经验的科技大学家政群学生的就业力认知差异分析

不同实习经验的科技大学家政群学生的就业力认知差异分析结果如表5所示，不同实习经验的受试者在就业力认知一般知能、专业知能（t=.87，p>0.05；t=1.15，p>0.05）上皆未达显著差异。表示受试者就业力认知并不会因不同实习经验而受影响。

表5　不同实习经验的科技大学家政群学生在就业力认知的差异

就业力认知	实习经验	样本数	平均数	标准偏差	t检定
一般知能	有	103	42.12	6.16	0.87
	无	188	41.43	6.61	
专业知能	有	103	33.51	4.61	1.15
	无	188	32.84	4.93	

注：**$p<0.01$，*$p<0.05$。

（二）不同背景变项在科技大学家政群学生就业意愿中的差异比较

1. 不同性别的科技大学家政群学生就业意愿的差异分析

不同性别的科技大学家政群学生的就业意愿差异分析结果如表6所示，不同性别的受试者在就业意愿态度、行为（t=0.73，p>0.05；t=-1.34，p>0.05）上皆未达显著差异。表示受试者就业意愿并不因性别的不同而不同。

表6　不同性别的科技大学家政群学生在就业意愿上的差异

就业意愿	性别	样本数	平均数	标准偏差	t检定
态度	男	131	7.18	1.64	0.73
	女	160	7.16	1.70	
行为	男	131	6.90	1.68	-1.34
	女	160	7.15	1.47	

注：$**p<0.01$，$*p<0.05$。

2. 不同工读经验的科技大学家政群学生的就业意愿差异分析

不同工读经验的科技大学家政群学生就业意愿差异分析结果如表7所示，不同工读经验的受试者在就业意愿的态度、行为（t=-1.09，p>0.05；t=-1.11，p>0.05）上未达显著差异。表示受试者并不因工读经验而影响就业意愿。

表7　不同工读经验的科技大学家政群学生在就业意愿上的差异

就业意愿	工读经验	样本数	平均数	标准偏差	t检定
态度	有	233	7.12	1.69	-1.09
	无	68	7.37	1.62	
行为	有	233	7.03	1.55	-1.11
	无	68	7.09	1.66	

注：$*p<0.05$。

3. 不同实习经验的科技大学家政群学生就业意愿的差异分析

不同实习经验的科技大学家政群学生就业意愿差异分析结果如表8所示，不同实习经验的受试者在就业意愿的态度（t=2.59，p>0.05）上未达显著差异，而在行为（t=2.71，p<0.05）上差异显著，表示有实习经验的受试者就业意愿会受到影响。

表8　不同实习经验的科技大学家政群学生在就业意愿的差异情形

就业意愿	实习经验	样本数	平均数	标准偏差	t检定
态度	有	103	7.51	1.69	2.59
	无	188	6.99	1.64	

续表

就业意愿	实习经验	样本数	平均数	标准偏差	t检定
行为	有	103	7.38	1.74	2.71*
	无	188	6.86	1.45	

注：*$p<0.05$。

（三）科技大学家政群学生的就业力认知与就业意愿的相关分析

科技大学家政群学生就业力认知与就业意愿相关分析结果如表9所示，就业力认知的一般知能与就业意愿态度、行为（$r=0.54$，$p<0.01$；$r=0.47$，$p<0.01$）呈正相关且达显著水平；就业力认知的专业知能与就业意愿态度、行为（$r=0.54$，$p<0.01$；$r=0.49$，$p<0.01$）呈正相关且达显著水平。

表9　就业力认知与就业意愿各因素的积差相关

	一般知能	专业知能	态度	行为
一般知能	1			
专业知能	0.69**	1		
态度	0.54**	0.54**	1	
行为	0.47**	0.49**	0.74**	1

注：**$p<0.01$。

（四）探讨科技大学家政群学生的不同个人背景变项、就业力认知对就业意愿的解释力

为了解受试者个人背景变项、就业力认知对就业意愿的解释力，以就业意愿为效标变项，将背景变项、就业力认知作为预测变项，进行多元逐步回归。

考虑共线性的可能性，在进行回归分析之前，先进行自变项间的相关分析。由表9相关分析中可知，本文自变项间相关系数皆未超过0.75，且检验VIF值后，皆未大于10，故不具共线性。

表10结果显示，能有效预测就业意愿的态度效标变项的自变项有3个，依序为专业知能、一般知能、工读经验（$p<0.05$）。显示其$R^2=0.36$，

调整后 $R^2 = 0.353$，估计标准误为 1.873，表示这 3 项变项的联合预测力达 36.0%。

表10 预测背景变项、就业力认知对就业意愿—态度的逐步回归分析

模式	R^2	调整后 R^2	估计标准误	标准化 β 系数	显著性	允差	VIF
（常数）							
专业知能	0.293	0.291	1.961	0.324	0.000	0.523	1.914
一般知能	0.346	0.341	1.890	0.311	0.000	0.522	1.917
工读经验	0.360	0.353	1.873	-0.117	0.014	0.997	1.003

注：$***p<0.001$。

如表11所示，能有效预测就业意愿的行为效标变项的自变项有4个，依序为专业知能、一般知能、实习经验、工读经验（$p<0.05$）。显示其 $R^2 = 0.302$，调整后 $R^2 = 0.292$，估计标准误为 1.324，表示这4项变项的联合预测力达 30.2%。

表11 预测背景变项、就业力认知对就业意愿—行为的逐步回归分析

模式	R^2	调整后 R^2	估计标准误	标准化 β 系数	显著性	允差	VIF
专业知能	0.239	0.236	1.375	0.318	0.000	0.522	1.917
一般知能	0.273	0.268	1.346	0.257	0.000	0.520	1.923
实习经验	0.292	0.284	1.331	-0.170	0.001	0.896	1.116
工读经验	0.302	0.292	1.324	-0.106	0.044	0.884	1.132

注：$***p<0.001$。

（五）综合讨论

本文旨在探讨科技大学家政群学生就业力认知与就业意愿相关因素，借以了解科技大学家政群学生个人背景变项在就业力认知与就业意愿上的差异情形，并探讨就业力认知与就业意愿的相关情形。

1. 就业力认知

（1）不同性别的受试者在就业力认知的一般知能上达显著差异；女大学生在就业力认知的一般知能上平均分数显著高于男大学生。此

与杨上萱[1]研究结果类似，男女生在就业力认知方面各有不同的优势表现；整体核心就业力、自我管理、终身学习、科技应用、表达沟通、团队合作、职涯规划、职场认知女生的表现优于男生。[2]

（2）不同工读经验、实习经验的受试者在就业力认知一般知能、专业知能上皆未达显著差异。学生到校外机构实习是理论与实践结合的一个重要过程，通过实践工作可学习到工作技能、与人互动方式、职场上权力关系等等。有的企业非常欢迎学生实习，因可增加劳动力，降低人力成本。有的企业甚至让学生做全职的工作，却支付很少的奖助金；或是要求其做与专业无关的杂事，让学生觉得劳动权益遭到剥夺。但学生为了获得学分，有时对实习内容与课程的专业性是否相关并不重视。

2. 就业意愿

（1）不同性别、工读经验的受试者在就业意愿的态度、行为上皆未达显著差异，此与梁淑贞、林平和[3]的研究结果相同，就业意愿不因性别而有显著性差异。

（2）不同实习经验的受试者在就业意愿的行为上差异显著。推测其原因可能是工读是未通过专业性安排及规划的计时工作，而校外实习课程是学校正式课程之一。例如，家政群美容造型设计系学生实习时，美容与时尚造型产业的工作性质是工作时间长，节假日无法正常休假，初期的薪资并不高，薪资是随着专业技能提升及工作资历增加，这些隐约影响学生的就业意愿。[4]

3. 就业力认知与就业意愿相关情形

研究发现就业力认知的一般知能、专业知能对于就业意愿的态度、行为皆达显著性正相关，表示科技大学家政群学生的就业力认知越高，其就

---

[1] 杨上萱：《影响大学生服务学习课程学习成果之相关因素研究——以"国立台湾大学"为例》，硕士学位论文，台湾师范大学，2012。
[2] 郑博真：《科大应届毕业生核心就业力表现与职涯辅导参与之研究》，《台湾科技大学人文社会学报》2017年第1期。
[3] 梁淑贞、林平和：《大学职能导向课程对应届毕业生就业意愿之影响——以化妆品应用系为例》，《南亚学报》2016年第36期。
[4] 柯澍馨、陈彦呈、蒋名宸、杨家芸：《高职家政群学生学习态度、学习成效与就业意愿之研究》，《辅仁民生学志》2021年第1期。

业意愿越强烈。由研究结果得知：就业力认知的一般知能、专业知能程度越好其就业意愿态度、行为越积极正向。此与林芯羽[1]研究结果相符；自觉拥有较高专业知能的服装系大学生，对未来有较高的意愿从事服装相关行业；换句话说，当学生有足够的专业能力、察觉自己适合这项工作时则在就业意愿上表现积极正向行为，反之则较为消极。许多学校也会安排证照辅导课程，将专业知识转化成实务技能，提高学生职场竞争力及未来就业优势。

4. 就业意愿的解释力

专业知能、一般知能、工读经验3项可解释就业意愿态度解释变异量达36.0%。专业知能、一般知能、实习经验、工读经验4项可解释就业意愿行为解释变异量达30.2%。

学生通过实习可提前探索职业生涯，了解职场专业实务需求、权利资源关系及职场应对方式等，对未来就业有极大帮助，但也有少部分同学因个人因素而转换实习单位。大学生的工读经历及年资长短皆不相同，或是工读的种类与自己所学的科系并无相关性，甚至在工作时遇到瓶颈而频繁更换工作，无法累积专业能力。

家政群的学生毕业后大都从事服务业相关工作，虽然《劳基法》规定服务业需正常工作排班、不能超时工作，但有时主管会要求加班却无加班费或补休，再加上服务业讲求服务至上，需有高度热诚及耐心来面对客人不同的要求。因此，有些学生通过实习发现职场工作量庞大、劳动时间长，就容易产生工作倦怠，因而在就业意愿的态度上显现较消极。

五 结论与建议

本文主要在了解科技大学家政群学生不同背景因素下，对就业意愿的影响是否有所差异，并探讨就业力认知与就业意愿间的关联性。

---

[1] 林芯羽：《服装相关学系学生工作价值观就业意愿与专业知能之探讨》，硕士学位论文，屏东科技大学，2016。

（一）根据资料分析结果，本文依据研究目的提出结论

1. 不同背景的科技大学家政群学生在就业力认知、就业意愿上的差异比较

女大学生在就业力认知的一般知能的得分高于男大学生；受试者不因工读经验或实习经验的不同，在就业力认知上有显著差异。不同实习经验的受试者在就业意愿的行为上有显著性差异。

2. 科技大学家政群学生的就业力认知与就业意愿之间呈显著正相关

就业力认知的一般知能、专业知能对于就业意愿的态度、行为皆达显著性正相关。

3. 不同背景变项（性别、工读经验、实习经验）科技大学家政群学生就业力认知对就业意愿的解释力

对就业意愿的态度最具有解释力的变项，依序为专业知能、一般知能、工读经验，共可解释变异量达 36.0%。对就业意愿的行为最具有解释力的变项，依序为专业知能、一般知能、实习经验、工读经验，共可解释的变异量达 30.2%。

（二）综合上述研究结果与讨论，对学校单位、学生及未来相关研究者提出下列建议

1. 对学校单位的建议

除了办理职场体验说明会，也可协调及安排学生职场体验。同学在寻找实习机构及媒合事宜时，可协助其事前了解工作性质与所需要的人才特性，慎选与自己所学相关或是对自己未来发展有相关性的工作，并借此实习经验提升未来就业意愿。

2. 对学生的建议

借此实习经验了解产业变迁及评估自己的能力，多累积实践经验，进而提升未来就业意愿。除了充实专业知识，尚需培养职场基本礼仪、沟通技巧、抗压力、工作态度及团队合作等就业才能，以提升未来就业所需能力。

3. 对后续研究者的建议

（1）研究对象：研究者受时间、精力的限制，仅以某一科技大学家政群学生为研究对象，故研究结果推论受到限制。因此，建议未来研究者可扩大研究对象，更深入地了解大学生毕业后就业意愿的情况。

（2）研究变项：影响就业意愿的因素除了性别、工读经验、实习经验外，尚有其他影响因素，例如年级、父母期望、学习动机、人格特质等，都可以再加以探讨。

（3）研究工具：本文通过问卷调查法来探讨科技大学家政群学生就业力认知与就业意愿相关因素。建议未来研究者采用深度访谈、焦点团体等质性研究方法，可深入了解受试者对校外实习的工作态度、职业道德、专业知识的学习兴趣及父母面对其就业态度的影响。

（编辑：陈伟娜）

Factors Affecting the Employability Cognition and Employment Intention of Home Economics Students in University of Technology in Taiwan Province

LIN Rujun

(Department of Living Services Industry, Tainan University of Technology, Tainan, Taiwan 710302)

Abstract: The purpose of this study is to explore the factors affecting the employability cognition and employment intention of home economics students in the University of Technology, so as to understand the differences of their personal background variables in employability cognition and employment intention, and to explore the correlation between employability cognition and employment intention. Adopting the questionnaire survey method, using

"Employability Cognition Scale" and "Employment Intention Scale," this study takes the students in the disciplinary group of home economics in the University of Technology as the research object with a total of 291 valid samples. A statistical analysis of the data shows the following result. (1) Girls' scores in "general knowledge" of employability cognition are higher than those of male subjects. There is no significant difference between the genders due to different work-study or internship experience. (2) Subjects with internship experience score higher on the "behavior" of employment intention than those without internship experience. (3) The "general knowledge and ability" and "professional knowledge and ability" of employability cognition have a significant positive correlation with the "attitude" and "behavior" of employment intention. (4) "General knowledge and ability," "professional knowledge and ability" and "internship experience" have high predictive power on the "attitude" of employment intention. (4) "General knowledge and ability," "internship experience" and "professional knowledge and ability" have high predictive power on the "behavior" of employment intention.

Keywords: Employability Cognition; Employment Intention; Students of Home Economics Group in the University of Technology

• 会议综述 •

家政产业发展路径探析
——"2023年家政产业创新发展大会"会议综述

张先民　张　霁　周柏林　李书琪　王　颖

（中国老教授协会，北京10083；河北师范大学家政学院，河北石家庄050024）

摘　要：随着人口红利的衰退以及社会老龄化程度的加深，中国目前对家政服务业的需求与日俱增。党中央、国务院多次发文强调建设家政行业的重要意义，鼓励并支持家政服务朝向更为专业化的方向发展，以便更好地满足人民群众的需求。然而，中国当下的家政行业以及家政学科的建设仍然存在诸多问题，如何使家政行业更为科学地发展，以适应现代化社会的要求，成为家政专业领域的重点议题。在这样的背景下，"2023年家政产业创新发展大会"在山东济南全国家政服务标准化示范基地（"阳光大姐"）成功举办。会议旨在探索未来家政产业的创新发展路径，各与会专家分别从家政产教融合、家政服务业模式创新以及家政行业标准化等方面进行了深入交流。本文将概括本次会议的主要内容，并简要阐述会议精神。

关键词：家政产业创新；家政服务业模式；家政产教融合；家政行业标准

作者简介：张先民，中国老教授协会家政学与家政产业发展专业委员会执行主任，北京市三八服务中心原主任；张霁，中华女子学院（全国妇联干部培训学院）社会培训部部长，中国老教授协会家政学与家政产业发展专业委员会特约研究员；周柏林，中国老教授协会家政学与家政产业发展专业委员会秘书长，原国防大学副教授、博士；李书琪，河北师范大学家政学院硕士研究生；王颖，河北师范大学家政学院硕士研究生。

引　言

2023年是全面贯彻党的二十大精神的开局之年，是稳民生、促发展的关键之年。发展家政产业是改善民生、促进经济内循环的重要环节。目前，我国正处于劳动力供给量减少、老龄人口不断增长的发展阶段，这使国家的经济发展、民生事业、社保体系面临着严峻的挑战。为了应对这些问题，社会迫切需要家政产业的发展和家政人才的支撑。但是，中国当下的家政产业建设仍然存在诸多问题，无法满足广大人民群众日益增长的需求。在这样的背景下，家政产业结构如何实现优化升级、家政服务模式如何实现创新、家政学科如何进行人才培养，便成为家政领域内的专家学者共同关心的话题。

围绕着这些家政产业发展中出现的问题，2023年7月29日至7月30日，"2023年家政产业创新发展大会"在山东济南全国家政服务标准化基地（"阳光大姐"）召开。本次大会由中国老教授协会主办，全国家政服务标准化技术委员会担任指导单位，河北师范大学家政学院、济南阳光大姐服务有限责任公司、北京中健联科教育科技有限公司、好管家（南通）网络科技有限公司、黄河起步（山东）国际会展集团有限公司为支持单位。来自全国的200多位家政公司负责人、20多个省市家政行业协会会长以及100多名师生代表参加了本次大会。

在大会开幕式上，中国老教授协会秘书长张彦春教授、全国家政服务标准化技术委员会主任委员郭大雷、中国商业联合会副秘书长潘玮、济南新旧动能转换起步区管委会产业促进部商贸发展办公室郝姗分别致辞。

张彦春指出："中央领导和各级政府部门对家政产业的发展是非常关注的、是寄予厚望的，同时也出台了很多惠民惠企的政策。"目前，我国进入新的高质量发展时期，如何实现高质量发展，必须要有好的路径、好的方法和好的手段。要深入学习党的二十大精神，全面贯彻国家标准化发展纲要，努力将各行各业的创新技术、创新模式、创新产品以标准的形式形成行业竞争力，从而实现对行业发展目标的掌握。郭大雷强调，高质量目标的实现以及各项创新成果的制度转型，是当前高质量发展的工作。此次大会作为家政产业的创新发展大会，恰逢其时，符合党中央、国务院对我国新发展时期，以创新发展为核心的理念。《国家标准化发展纲要》特别强调，要走创新技术路线，通过标准严治，形成产业推广核心竞争力。

家政服务业既是传统产业，也是新兴现代服务业，要有完整的标准体系、完整的绩效评价体系和完整的管理体系。潘玮指出，第八届全国商业服务业优秀店长大赛"未来之星家政店长"院校学生赛旨在发掘和培养家政行业的未来之星，以此来推动中国家政高端人才的培养。郝姗则指出，济南新旧动能转换起步区依托黄河流域生态保护和高质量发展重大国家战略设立，肩负国家使命、承载历史担当、引领区域发展。同时，起步区也是着力打造新旧动能转换的"新引擎"、加快推动济南从大明湖时代迈向黄河时代的重要载体，更是黄河流域生态保护和高质量发展的示范样板。家政产业是现代服务业的重要组成部分，关乎千家万户的生活质量，是"小家政、大民生"的体现。

本次大会以"助力企业创新、促进学术交流、推进产教融合、服务提质扩容"为主题，从"融合与转型""创新与发展""创业与管理""激情与梦想""标准与赋能""学术与引领""家政大家说"7个篇章展开讨论。会议旨在深入贯彻党中央、国务院的决策部署，按照高质量发展的要求，推动家政服务业提质扩容。

一 产教融合：院校教研应为家政产业提供引领与支撑

家政产业的发展，是适应专业化社会的必然要求。而发展家政产业的关键，又在于两个方面，其一是家政人才培养的供给侧，其二是家政产业的需求侧。从目前来看，受多方面的影响，中国家政产业的人才供给侧与产业需求侧在结构、质量以及水平上还不能完全相适应。这具体表现在三个方面：第一，一些家政公司缺乏专业化的培训和管理，导致服务质量参差不齐；第二，行业中存在一定程度的信息不对称，消费者往往难以找到合适的家政服务提供商；第三，家政行业的从业人员素质参差不齐，一些服务员缺乏专业技能和职业道德，使得消费者难以放心向其交付家庭的重要事务。因此，目前家政行业的整体情况是，家政服务业的人才培养建设无法满足广大人民群众的需要，更无法满足现代专业化社会的发展要求。在这样的背景下，深化产教融合便是家政产业进一步发展的基础。

所谓产教融合是指产业界（行业和企业）与教育界（学校和培训机构）之间的深度合作和协同，将教育资源与实际产业需求相结合，更好地培养和培训适应市场就业需求的人才。这种合作关系旨在弥补教育与培训机构提供的教育与培训和实际工作需要之间的差距，确保学生和培训生能够具备所需的技能和知识，更容易就业或进入特定行业。本次会议对如何实现家政行业的产教融合，做了深入的交流探讨。李春晖从院校家政学专业人才培养出发，探讨了家政人才培养与家政服务业发展的关系，指出了深化产教融合对家政产业发展以及提高人才质量具有的重要意义。李春晖认为，目前中国的家政服务业与家政行业的人才培养建设存在以下几点问题：首先，家政服务企业对高质量和可持续的产教融合认识有待提高，家政服务企业有200多万家，但总体发展不强，成规模的大企业较少，较难实现家政资源的整合；其次，家政服务从业者专业化、职业化程度低，家政人才培养体系不完善、专业人才培养规模小、人才培养和社会需求连接不够，无法满足家政市场的需求；最后，家政行业的标准化程度低，社会对家政和家政服务从业者存在认识偏差，良好的外界环境和浓厚氛围未形成。针对这些问题，李春晖提出，要实现家政行业的产教融合，就要做到校、企双方达成共识，形成资源合力，实现优质资源的整合，并明确各方职责，塑造良好的家政行业环境，共同推动家政产业的发展。李春晖认为，实现家政领域的产教融合，是家政服务产业和家政教育两个独立系统之间要素匹配、共生共赢，并最终形成一个"成长共同体"的过程。要推动家政行业的整体进步，就要积极探索家政领域产教融合的新方式、新动能，培育产教融合的"中间体"。

卓长立则从阳光大姐集团发展的角度展开论述，提出了家政行业产教融合、校企合作新模式。她将产教融合新模式概括为"一个目标""双向互动""三手协作""四个路径""五个阶段""六个贯通"。其中"一个目标"是根本，即培养高素质技术技能人才，助力家政行业高质量发展。"双向互动"，即院校和企业的双向奔赴。"三手协作"指的是校企双方的"融入—融通—融合"。"四个路径"分别为以产促教，产教融合；标准引领，构建体系；岗课赛证，综合育人；德技并重，文化入心。"五个阶段"包括企业教师进课堂、开展企业实践课程、机构见习、顶岗实习和学生就业创业。"六个贯通"则指的是贯通专业设置与产业需求、课程内容与职业标准、教学过程与家政管理过程、毕业证书与职业技能等级证书、职业教育与终身学习、院校与企业。卓长立的分享，结合了企业发展与院校合作的真实案例，从建设家政行业产教融合体系方面进行了深入思考，为家政行业之后探索产教融合的模式提供了借鉴。针对校企合作问题，朱晓卓指出，目前的家政服务业存在行业头部企业少，且企业教学能力弱的问题，能够进行校企对接合作的企业不多，企业管理能力上也存在不足。他认为，实现家政行业产教融合的关键是"双师"型师资队伍的建设。"双师"的模式是指"双素质、双来源、双证书、双师型"。朱晓卓提出要进行师资培训，使教师能够了解行业和岗位，还要建立专兼职师资队伍去拓展教学资源，同时要建立校企合作新渠道，打造"双师"型培训基地，让教师进入企业实践，通过细化标准和要求，逐步打造理论型和实践型融合的教师队伍，从源头加强人才队伍的培养。

张海让则认为，家政企业的培训赋能是实现产教融合的重要途径。他指出，目前家政行业存在一些问题，如服务质量参差不齐、人才短缺、劳动权益保障不足和技术创新缺乏等。这些问题是家政行业的痛点和难点，也是未来需要解决的方向。针对这些问题，张海让提出了"永恒法则"，主张对管理者、师资队伍和家政从业人员进行持续的培训和学历提升。对于家政管理者而言，张海让认为可以借鉴国外先进的家政管理和运营经验，提升学历水平，并引入创新技术，从而实现高效益的运营管理。对于目前家政培训师存在的问题，如授课经验不足和缺乏授课技巧，张海让提出可通过"空中课堂"来解决。他认为，利用先进的网络信息技术和现代通信技术，能够消除空间限制，实现家政行业的师资资源共享，推动行业实现更大的进步。

除了从校企双方合作的角度探讨产教融合以外，与会专家也从家政学科建设的角度分析了培养高素质家政人才、建立家政学理论的重要意义。王永颜指出，家政学科建设对家政服务业的健康发展具有推动作用。他认为，目前河北师范大学和南京师范大学设立的家政学硕士研究方向，为今后家政学科的建设起到了重要作用，奠定了重要基础。但是，当下我国的家政学学科建设仍然相对模糊，不够清晰。因此，王永颜强调，实现家政服务业的健康发展离不开具有专业技能的高素质专门人才,而高端人才的培养则取决于高校优质家政学科的建设。要更好地建设我国家政学学科,应加强家政学科制度建设,完善家政学科体系;创新人才培养模式,加强家政学科队伍建设;坚持理论创新研究,营造良好的学术氛围。王德强则从家政学教材出发,探讨了家政学术平台建设存在的问题及如何推动家政学教材建设,以便更好地培养家政学人才,实现家政行业的产教融合。王德强提出,推动家政学科的发展,就要明确教材建设的目标是培养新时代的家政人才,而教材建设既要反映科学规律,跟踪学科前沿,也要结合生产实践,涵盖专业领域。为推动新时代家政行业的产教融合,他强调要建立庞大的研究组织机构,借鉴社会学研究方法体系,研究建立概念体系,探索成熟的社会科学学术规范,为家政行业的实践提供强大的理论支撑与人才储备。姜晶书从可持续发展的视角,探讨了中国家政学的新使命,她指出,将可持续发展目标与中国家政学的新使命相结合,要立足我国主要矛盾变化,重新认识家政学与家政服务业的关系;要立足家政学"综合学科"的属性,在研究人与环境的相互作用过程中,深化理论研究;还要立足家政学应用科学的属性,在实践中推动学科的进步和发展。

家政行业作为一个新兴的服务领域,正在迅速崛起。与此同时,它也面临一系列挑战,解决家政行业在发展中的一系列问题的关键,还在于让理论与实践充分结合,实现校企双方的互惠共赢,从而构建家政行业的发展基石。坚持产教融合的战略,能够使教育机构和培训机构为学生提供更多家政行业的专业信息,包括市场需求、职业发展前景等。这有助于学生更好地选择自己的职业发展方向,减少信息不对称,使教育与市场的需求更加贴近。这有助于提高从业人员的专业素质,提高家政服务的质量,促进家政行业的可持续发展。同时,它也有助于缩小教育与就业之间的鸿沟,提高家政人才培养的质量和效率,从而增强家政行业的整体竞争力。

二 家政服务模式的创新:家政行业发展的不竭动力

"创新"是本次会议的主体基调,亦是家政行业发展的不竭动力。如果说产教融合是家政行业的基础，那么家政服务模式的创新则为家政行业今后的发展提供了路径选择。随着社会的发展，人们对家庭生活的需求也在不断变化。尤其是在城市化进程日益加快的背景下，家政服务变得越来越重要。传统的家政服务已经不能满足人们多样化、个性化的需要，因此，实现家政服务模式的创新成为家政行业适应现代化、专业化社会的必然要求。在本次会议中，各专家学者分别从老年照护服务功能和模式创新、家政进社区的路径创新以及家政服务数字化赋能等三个方面深入分析了中国家政服务模式在未来创新的可能性，为家政行业的发展建言献策。

中国家政服务模式的创新，首先可以建立在借鉴发达国家已有的经验基础上。刘会对日本介护产业发展为案例进行了分析，同时她基于发达国家的家政发展经验对我国老年护理的转型发展提供了可借鉴的方案。她指出，日本在30年前就已经进入老龄化社会，而面对老龄化的浪潮，日本政府制订了"介护福祉士"计划，目的是为生活自理能力有困难的人提供日常生活照料服务，其基本理念是提供"自立支援"，基于老人的自主愿望，尽可能地发挥个人能力，帮助老人实现独立自主的品质生活，从"照顾型"养老模式转变为"自立支援型"养老模式。刘会认为，与中国的"照护型"养老护理不同，日本介护提倡尽量给老人提供帮助，而不是全程照顾，由此维护老人的尊严，以提高老年人晚年生活质量，这也是许多发达国家所采用的养老模式与理念。中国未来的养老模式，可以借鉴这一发展路径，为老年人提供更多的优质服务，让老年人获得更大的满足感。在养老照护服务模式的探索上，莫小芬提出了"家政服务+养老服务"相融合的智能化服务架构，她认为要把服务从专业的社区家政服务向为老助残服务延伸。同时，她提出要聘请长期人事家政服务、养老服务管理的高级管理专家，培养家政师、养老护理技师等行业人才。同时也要打造一支与居家养老服务相匹配的职业护理服务队伍，为居家养老服务提供服务基础。莫小芬结合本公司研发的"大众智慧养老服务云平台"与引进的"智慧养老健康系统"，提出要形成开放式的平台来整合社区、商家、社会群体、爱心人士等各方资源及力量为老年人提供服务，并且要通过平台的监督，减少安全隐患，提高整体服务效率。

家政服务模式的创新还可以体现在社区服务上,随着城镇化进程的加快,人们对社区生活的要求也逐渐提高,如何为居民提供更好的社区服务,应当成为目前家政行业的重点所在。康爱勤以"家政进社区"创新模式实践为主题进行了主旨演讲。她基于11个家政服务驿站的现实案例,提出了一个中心思想、三个原则和五个融合的创新模式。"一个中心思想"便是以党建引领为中心,进一步开展公益先行、社区根基以及贴近生活等相关活动。"三个原则"包括市场驱动和多元协同、强化培训和提质升级、创新发展和深度融合。"五个融合"则指的是科技融合、产业融合、服务融合、产教融合以及消费融合。康爱勤认为,这些原则和融合的方式将家政服务与社区生活相结合,能够为社区居民提供更加便捷和贴心的家政服务。莫小芬对于家政进入社区的创新模式,也提出了自己的看法,她认为家政入驻社区要推行"大众管家"的管理模式,要将家政客服窗口前移。莫小芬强调,家政能否进入社区的关键在于管家,而管家的核心职能在于提供优质服务,作为居民权益代表者、服务资源链接者的大众管家要能够"精服务、懂管理、善经营"。基于此,莫小芬提出了建立"社区服务价值链"的必要性。所谓"社区服务价值链",就是构建企业、管家和居民之间相互关系的运营支撑体系,这一体系包含三个方面的内容:首先,通过智慧服务平台与管家服务的交互,提供对社区服务全生命周期管控;其次,通过建立健全管家的激励考核双向机制、管家的培养成长机制等,对管家能力进行认证、监督及绩效考核;最后,依托家政服务对养老服务的延伸、信任机制的打造以及增值服务体系的健全,实现社区家政服务的可持续运营。综合两位专家的意见可以看出,让家政服务走入社区,实现其路径创新的关键,便在于建立企业、管家以及居民三者的相互联系,进而通过家政服务平台,实现社区家政服务的常态化。

除了传统的养老模式以及社区服务模式,科技的发展也为家政服务的模式创新带来了契机,家政服务业的数字化赋能将为家政服务业的发展提供前所未有的强大驱动力。陈娅提出,目前的家政企业可以借助信息化、智能化和数字化实现转型升级。她认为,家政企业应该紧跟科技发展的步伐,利用信息化技术提升服务质量和效率。通过引入智能化设备和系统,家政企业可以提供更加便捷、高效的家政服务，满足消费者日益增长的需求和期望。此外，陈娅还建议家政企业应在高附加值的服务产品上着力，通过为企业增加更多的价值来实现再创造。在营销过程中，家政企业可以加强产品的包装度，注重用户体验，或者进行产品的叠加和延伸。家政企业除了要实现数字化转型，利用人工智能的力量，推动家政行业的整体数字化也十分重要。李硕基于数字化的背景，对人工智能的发展历程以及ChatGPT的起源进行了阐述。他强调，从1965年图灵测试的提出到2012年AlexNet在人脸识别比赛中的卓越表现，再到生成式AI和大模型的阶段，人工智能经历了50年的低谷后迎来了爆发式增长，而这种发展规律同样适用于家政行业。李硕认为，通过标准化要素和科技的助推，家政行业也将迎来蓬勃发展。对于家政行业的前景，他指出家政学知识和经验的传承模式将发生深刻变化，数字基础架构将重塑社会，新型能源系统将成为可能，生产制造要素也将趋于灵活配置，这些都将成为家政企业发展中强有力的资源。因此，要妥善利用人工智能等现代化科技手段，推动家政服务业的数字化进程，重塑家政行业的服务模式。慧茹则认为，短视频等新媒体资源是目前家政行业有益的营销工具，新兴媒体的崛起对社会产业的运营模式产生了深远的影响，而赋能后的家政行业所展现的便捷性和高效性将成为市场竞争的核心力量。她强调，与家政服务紧密相关的"本地生活"业务是新媒体发展的新趋势。充分利用家政服务，提升本地生活服务市场的数字化水平，以及准确连接供需，是新媒体家政产业发展的未来方向。为实现这一目标，她认为要通过精准定位和输出内容来打造个人品牌，从而树立企业品牌形象，提高受信任程度和转化率，最终实现家政行业的数字化发展。

  从整体上来看，本次会议对于家政服务模式创新的探讨较为深入，与会专家分别从不同的角度阐述了未来家政服务模式创新的路径，为家政行业的发展提供了重要的指导性意见。任何行业的发展都离不开创新。要实现家政服务模式的创新，就要进行制度创新、理论创新、手段创新，建构家政服务模式的综合发展框架，汇聚各方资源，形成行业发展合力，打造中国特色家政服务体系。

三 标准化：家政行业发展的质量保障和加速器

关于家政行业标准化的讨论，亦是本次会议的核心议题。目前，我国的经济已经从高速增长阶段转向高质量发展阶段，推动形成了全面开放的新格局。在促进家政服务高质量发展中，标准化同样也有着重要的使命和担当。党的二十大报告提出"构建优质高效的服务业新体系"，使新时代服务业发展有了更加具体明确的方向。而"十四五"发展规划也对服务业高质量发展提出了新的要求，包括"聚焦产业转型升级和居民消费升级的需要，扩大服务业得到有效供给，提高服务效率和服务品质，构建优质高效、结构优化、竞争力强的服务产业新体系"，同时报告中也提到"健全服务质量标准体系，强化标准贯彻执行和推广"，再次强调了以标准化的手段助力服务业高质量发展的必要性。《国家标准化发展纲要》（以下简称《纲要》）指出："新时代经济高质量发展、全面建设社会主义现代化国家，迫切需要进一步加强标准化工作。"《纲要》第21条还特别指出，"在生活性服务方面，要开展养老和家政服务标准化专项行动，完善职业教育、智慧社区、社区服务等标准，加强慈善领域标准化建设"，这条意见对家政服务业的标准化发展提出了更为明确的要求。但是，从目前来看，中国家政行业尚处在初级发展阶段，其标准化进程也相对缓慢，如何加快家政领域的标准化建设，以便为家政行业未来的发展提供根本保障，成为学者关注的重点问题。

全国家政服务标准化技术委员会主任委员郭大雷基于《标准化工作指南》，通过五个要素对标准的概念进行拆分，包括以促进最佳的"共同效益"为目的，按照规定的程序，依据创新成果和成功经验，"协调一致"的原则，规范性文件的属性等要素。他还指出，标准和标准化都应以"共识"为核心，做到多方"共同使用"和"重复使用"要求。郭大雷委员强调，实现家政行业标准化的关键在于不同的家政企业要按照不同的标准制定发展规划。三流企业应以产品质量提高市场竞争力；二流企业应以品牌、文化发展可持续竞争力；一流企业则应以创新、标准作为核心竞争力，并通过"产品卓越、品牌卓越、创新领先、治理现代"这十六字凝练出一流家政服务企业的标准,为企业的发展和家政行业的标准化建设提供适宜的路径。李洁则从国内经营环境变化的角度出发,指出目前国内家政市场经历了四大变化。首先,市场服务力量的主体发生了转变,随着城镇化进程接近尾声和人口红利的渐渐衰退,家政服务的价格势必会上涨。其次,客户群体的主体也发生了转变,他们变得更加注重品质生活,对服务升级的需求明显增加。再次,行业赛道正在逐步改变,家政服务行业正在逐渐崛起,市场容量也在不断扩大。最后,经营主体发生了变化,大量的企业涌入家政服务领域,竞争愈发激烈。这些变化也为家政服务公司提供了广阔的发展机遇,进一步要求家政企业要以创新发展为主线,要进一步实现管理模式以及经营模式的标准化。刘依琳认为风险控制和增加效益是实现家政管理模式标准化的重要途径,她结合自身在家政行业的经验和目前行业服务痛点、培训痛点以及运营痛点,指出要从经营、决策、协调三个方面进行降本增效,以提高家政企业的工作效率及协同效益。王佩围绕"《家庭财富管理》课程设计与探讨"的主题,指出家庭财富管理与家政学有着深厚的渊源。她从财富管理普惠化、共同富裕目标、居民收入来源三个方面阐述了开设《家庭财富管理》课程具有的重要意义。王佩探讨了投资理财的内涵、家庭财富管理的定义及标准,分享了《家庭财富管理》课程教学的内容、人才职业能力培养等,并强调在财务管理中规范职业道德、约定行为准则是极为重要的。

王瑜则认为,家政行业协会在促进家政产业的发展以及家政行业的标准化进程中,有着不可替代的重要作用。她指出,行业协会的特征包括政治性、协调性、融合性、方向性和群众性,其作用在于搭建政府与企业、消费者与企业之间的桥梁和纽带。同时,行业也需要强化政治引领,积极贯彻党和政府的路线、方针和政策,协助企业建立健全的组织架构。王瑜还认为,规范管理运营是行业发展的保障,要实现这一目标,应重视协会的章程,规定组织纪律,保障会员权益,确立协会的治会纲领。顾爱平从家政行业的整体发展角度出发,认为要想推动家政事业的创新发展,就需要完善家政产业链条,拓展企业规模,并且加强家政主业的优势。对管理者而言,提升管理水平和打造优质服务团队是实现这一目标的核心要素,必须确保运营过程的标准化和规范化。此外，夯实社区家政、加快数字化赋能以及创新家政行业发展模式等都是未来家政行业的发展趋势。顾爱平强调了在行动、人员和事务等方面展开工作的重要性，并且强调要深入社区，解决居民在一公里和"15分钟生活圈"内的需求，以此来扩大和深入服务。

在迈向专业化社会的进程中，任何行业都需要建立起标准化的发展体系。参加本次会议的专家代表一致认为，标准化的意义体现在四个方面。第一，标准化可以提高家政行业的服务质量。通过明确服务标准和流程，家政服务从业者能够更好地了解如何提供高质量的服务，而标准化管理则有助于规范从业者的行为和职业道德，降低服务质量的不确定性。第二，标准化不仅有助于提高服务质量，还可以保障消费者的权益。家政服务通常与家庭的生活质量和安全直接相关，因此，不合格或不规范的服务可能会给消费者带来严重损失。有了明确的服务标准和规范，消费者可以更容易地选择值得信赖的服务提供商，并且在服务质量出现问题时，能够根据行业条例合法维护自身权益。第三，标准化还有助于促进家政行业的竞争。标准化的服务和流程可以使新的家政服务提供商更容易进入市场，帮助其依靠标准来建立自己的服务体系。这有助于打破行业中的垄断和不正当竞争，提高整体的服务水平。第四，标准化也为家政行业的发展提供了框架。它通过制定整个行业的通行标准，促进行业内部的合作和知识共享。通过标准化，各企业可以更好地适应社会和技术变革，满足新兴需求。此外，标准化还可以为家政行业的国际化发展提供便利，使其更容易融入全球市场。

四　结语

2023年家政产业创新发展大会共有7个主题篇章，19位报告人、4位主持人和15位与谈人展开了内容丰富的学术交流。论坛共达成3个共识：一是产教融合仍是培养家政相关专业学生的重要方向。将教育与实践结合起来，培养出更具专业素养和实践能力的家政人才。二是人口结构的变化和人口老龄化程度的加深，为家政服务行业带来了巨大的发展机遇，针对老年群体的养老服务模式不再局限于传统的养老院和居家养老,而是朝着多样化、个性化和社区化的方向发展。家政进社区等创新模式的探索仍然是家政服务行业的主攻方向。三是标准化和智能化将成为解决家政痛点问题的精准助力。通过提升服务质量、规范服务内容、明确价格要求,从而提升用户的体验感和满意度。标准化的推行不仅有助于提高家政行业整体形象和信誉度,也能够促进行业的健康发展。随着标准化的不断推进,家政服务将更加专业化、规范化,为用户提供更加高质量的生活服务。

此外,本次会议的一大特点是理论与实践的紧密结合。大会不只进行了学术思想上的交流,而且根据会议的主题精神展开了多个主题活动。首先,本次大会共进行了3个不同主题的圆桌论坛。第一个主题是对未来家政职业经理人培养路径进行了探讨,由周柏林主持,参加"未来之星家政店长"院校学生赛的参赛学生及指导教师代表作为研讨嘉宾。第二个主题是对家政进社区与社区养老的机遇与挑战展开讨论,由张霁主持,部分企业代表参与研讨。第三个主题是对家政办学的机遇与困扰进行交流,由李春晖主持,来自不同办学层次院校的五位家政学专业负责人作为研讨嘉宾。特别值得一提的是,家政产业创新发展大会连续两届一直保留了一个特殊的板块"家政你说我说大家说",其形式就是参会人员自愿发言、分享观点,或者上台与对话嘉宾开展交流、咨询问题。本次大会对话嘉宾是张先民和刘军,他们与8位自愿交流的参会者进行了对话。这种形式突破了主流的专家讲、大家听的"一言堂"模式,不仅让来自一线的家政人有机会展示自我、表达观点,也让来自政府、研究机构、院校和行业协会的专家学者有机会近距离地了解家政一线的实际情况。

其次,本次家政大会同步举办了"未来之星家政店长"院校学生赛预选赛的颁奖交流会。第八届全国商业服务业优秀店长大赛"未来之星家政店长"院校学生赛预选赛由全国妇联妇女发展部和中国商业联合会妇女委员会指导、中国商业联合会商业职业技能鉴定指导中心主办、中国老教授协会家政学与家政产业发展专业委员会承办,遵循"展示风采、树立典范、交流共进、产教融合"的大赛主题。来自全国各地的参赛选手与指导教师齐聚一堂,交流比赛经验,进行学术研讨,并与参会企业就校企合作、产教融合进行合作洽谈。可以说，此次大赛的举办，是家政行业坚持产教融合战略的一次具体表现，它对将来家政行业的人才建设与培养方式的探索具有重大的借鉴意义。

最后，大会期间为助力行企、校企合作，举行了一系列签约和组建仪式。第一个是中国老教授协会家政专委会举行了"创新创业导师团"成立和聘任仪式，向19位家政产业德高望重、资深学高的专家和学者颁发了创新创业导师团团长和导师聘任荣誉证书。"创新创业导师团"的建立，将为创新型小微家政企业和高校毕业生创业就业提供公益性的运营指导、政策解读、资源整合等方面的支持。第二个就是全国家政服务标准化技术委员会与中国老教协家政专委会、阳光大姐集团签署了战略性合作框架协议，三方将在家政经理人、培训师、大学生家政特训营、家政企业标准化建设等培训班的举办，以及职业院校教师实践基地建设、家政服务标准化试点示范基地共建等方面展开合作。这个项目的展开和推进，将为全国家政行业的规范化和标准化发展发挥实质性的推进作用。第三个是南京师范大学与北京劳动保障学院分别与阳光大姐集团、签署了合作协议。协议的签署，一方面拓宽了家政相关专业高端人才培养途径，另一方面使学生能有更多机会参与家政服务与管理。第四个是8所院校联合8个家政企业共同发起组建"全国现代家政服务行业产教融合共同体"，并举行了发起仪式。第四个是11所院校与2家家政企业发起组建"青提计划联盟"，将在高职高专和中专学生中开展日语和日本介护技能培训，选优送往日本就业和学习，拓宽大学毕业生的学习和就业渠道。这一系列的签约和项目启动仪式，有利于推进家政行业产教融合的进一步发展，也有利于家政服务模式的创新，推动了家政行业标准化的进程。

当前，家政行业正处于蓬勃发展阶段，家政理论研究和实践探索也在持续深入，涌现出诸多成果。同时，区块链技术和互联网的快速发展为家政行业带来了新的机遇，通过打破传统家政的限制，进一步开拓了新时代家政服务的边界，为家政行业的高质量发展创造了更多的可能性。本次大会不仅总结了家政行业的发展历程，更重要的是为行业的未来提供了发展的方向，通过强调产教融合的重要性、推动家政服务模式的创新以及促进家政行业的标准化进程，大会为将来家政行业的整体发展做了全局性的战略规划。这有助于提高家政行业的整体质量，提升行业的信誉度，也有助于将家政教育与实践紧密结合起来，培养出更具专业素养和实践能力的家政人才，推动行业朝着更加专业化和规范化的方向发展。

综上所述，本次会议全面展示了家政教育和行业现状，对家政理论研究和行业建设提供了有益的借鉴。与会的专家和参会者在家政创新发展的主题上，进行了学术交流和思想碰撞，促进了学术理论和实践经验的有效结合。会议所达成的共识，以及进行的一系列签约仪式，必将推动家政行业的可持续发展，为家政行业未来的繁荣奠定坚实基础。

（编辑：王婧娴）

On the Development Pathways of the Home Economics Industry: An Account of the "Home Economics Industry Innovation and Development Conference 2023"

ZHANG Xianmin, ZHANG Ji, ZHOU Bolin[1], LI Shuqi, WANG Ying[2]

(China Senior Professors Association, Beijing, 100083, China; School of Home Economics, Hebei Normal University, Shijiazhuang, Hebei 050024, China)

Abstract: With the decline of demographic dividend and the further aging of society, the demand for home service industry in China is increasing day by day. The Central Committee of the Communist Party of China and the State Council have repeatedly emphasized the importance of building the home service industry, encouraging and supporting more professional development of home service to better meet the needs of the people. However, there are still many problems in the current construction of the home economics industry and the discipline of home economics in China. How to make the home economics industry develop in a more scientific way to meet the requirements of modern society has become a major topic in the field of home economics. Against this backdrop, the "Home Economics Industry Innovation and Development Conference 2023" was held at the National Home Service Standardization Demonstration Base (Sunshine Sister) in Jinan, Shandong. The purpose of the conference is to explore the innovative development pathways for future home economics industry. The attending experts had in－depth exchanges on such topics as the integration of home economics industry and education, the innovation of home service industry models, and the standardization of home service industry. This is a brief account of the main content and a gist of the conference.

Keywords: Home Economics Industry; Home Service Industry Models; The Integration of Home Economics Industry and Education; The Standardizaticn of Home Service Industry

《家政学研究》集刊约稿函

《家政学研究》以习近平新时代中国特色社会主义思想为指导,秉持"交流成果、活跃学术、立足现实、面向未来"的办刊宗旨,把握正确的政治方向、学术导向和价值取向,探究我国新时代家政学领域的重大理论与实践问题。

《家政学研究》是由河北师范大学家政学院、河北省家政学会联合创办的学术集刊,每年出版两辑。集刊以家政学理论、家政教育、家政思想、家政比较研究、家政产业、家政政策、养老、育幼、健康照护等为主要研究领域。欢迎广大专家、学者不吝赐稿。

一、常设栏目(包括但不限于)

1. 学术前沿;

2. 热点聚焦;

3. 家政史研究;

4. 人才培养;

5. 国际视野;

6. 家庭生活研究;

7. 家政服务业;

8. 家政教育。

二、来稿要求

1. 文章类型:本刊倡导学术创新,凡与家政学、家政教育相关的理论研究、学术探讨、对话访谈、国外研究动态、案例分析、调查报告等不同形式的优秀论作均可投稿。欢迎相关领域的专家学者,从本学科领域对新时代家政学的内容体系构建和配套制度建设方面提出新的创见。

2. 基本要求:投稿文章一般 1.0 万~1.2 万字为宜,须未公开发表,内容严禁剽窃，学术不端检测重复率低于15%，文责自负。

3. 格式规范：符合论文规范，包含：标题、作者（姓名、单位、省市、邮编）、摘要（100~300字）、关键词（3~5个）、正文（标题不超过3级）、参考文献（参考文献采用页下注释体例，参考文献和注释均为页下注，每页从排编序码，序号用①②③标示；五号，宋体，其中英文、数字用Times new roman格式，悬挂缩进1个字符，行距固定值12磅）、作者简介等。

附：标题，小二号，宋体加粗，居中，段前17磅，段后16.5磅。作者姓名及单位用四号，楷体，居中，行距1.5倍。"摘要、关键词、作者简介"用中括号【】括起来，小四号，黑体，"摘要、关键词、作者简介"的内容用小四号，楷体，1.5倍行距。

正文标题的层次为"一……（一）……1.……"，各级标题连续编号，特殊格式均为首行缩进2字符。一、四号，黑体，居中，行距1.5倍；（一）小四号，宋体加粗，行距1.5倍；首行缩进2字符；1. 小四号，宋体，行距1.5倍，首行缩进2字符；正文为小四号，宋体，行距1.5倍。

具体格式可参考中国知网本刊已刊登论文。

4. 投稿方式：

邮箱投稿：jzxyj@hebtu.edu.cn

网址投稿：www.iedol.cn

5. 联系电话：0311—80786105

三、其他说明

1. 来稿请注明作者姓名、工作单位、职务或职称、学历、主要研究领域、通信地址、邮政编码、联系电话、电子邮箱地址等信息，以便联络。

2. 来稿请勿一稿多投，自投稿之日起一个月内未收到录用或备用通知者，可自行处理。编辑部有权对来稿进行修改，不同意者请在投稿时注明。

3. 本书可在中国知网收录查询，凡在本书发表的文章均视为作者同意自动收入CNKI系列数据库及资源服务平台，本书所付稿酬已包括进入该数据库的报酬。

《家政学研究》编辑部

图书在版编目(CIP)数据

家政学研究.第2辑/河北师范大学家政学院,河北省家政学会主编.--北京:社会科学文献出版社,2023.12

ISBN 978-7-5228-2728-5

Ⅰ.①家… Ⅱ.①河… ②河… Ⅲ.①家政学-研究 Ⅳ.①TS976

中国国家版本馆 CIP 数据核字(2023)第 206645 号

家政学研究（第 2 辑）

| 主　　编 / 河北师范大学家政学院　河北省家政学会 |

| 出 版 人 / 冀祥德 |
| 责任编辑 / 高振华 |
| 责任印制 / 王京美 |

| 出　　版 / 社会科学文献出版社·城市和绿色发展分社（010）59367143 |
|　　　　　地址：北京市北三环中路甲29号院华龙大厦　邮编：100029 |
|　　　　　网址：www.ssap.com.cn |
| 发　　行 / 社会科学文献出版社（010）59367028 |
| 印　　装 / 三河市东方印刷有限公司 |

| 规　　格 / 开　本：787mm×1092mm　1/16 |
|　　　　　印　张：14.25　字　数：224千字 |
| 版　　次 / 2023年12月第1版　2023年12月第1次印刷 |
| 书　　号 / ISBN 978-7-5228-2728-5 |
| 定　　价 / 88.00元 |

读者服务电话：4008918866

版权所有 翻印必究